森の経済学

森が森らしく、人が人らしくある経済

三俣 学・齋藤暖生
Gaku Mitsumata　Haruo Saito

日本評論社

はじめに

この春、私たちは、岡山県と広島県境にある小さな山村集落をたずねた。私（三俣）の父方筋の人たちが代々住み着いてきたらしく、その末裔にあたる七〇過ぎの叔父も小学生時代まで、この集落で暮らしていた。私たちは、その叔父が町場に下りてからも、山中に残っていると聞いていたその家を訪ねたのである。が、簡単には見つからず、私たちは思い切って、とある民家のチャイムを鳴らした。その存在を知っていた家の主が、私たちの突然の訪問に戸惑いの表情を見せながらも、道案内をしてくれることになった。途中からどんどん山道は狭くなり、ついには、車では通れないほどの道幅になった。私たちは、「あの家まで、いけるかなぁ」と心配そうに歩き出した彼のあとに続いた。

小雨の中、話しながら歩くにつれ、彼の心配がすこしずつわかってきた。ここ数年で、村人は一人去り、また一人去りという状況で、とうとう三軒だけになってしまったという。数年前までは、村人でできた草刈りも、昨年からは市にまかせることになり、道普請をしなくなった彼も道のようすがまったくわからないのだという。

歩み進めるにつれ、ぽつんぽつんと空き家が見え出してくる。道わきに、建物の体をなしたものもあれば、柱が崩れ落ち屋根だけの家屋もある。道から下方や上方を見ると、竹や低木に視界を遮られつつも、建物らしきものの姿が見える。空き家というよりも廃屋に近いものもある。それらの周囲には、茶わんや紙のようなものも散在し、人がいた痕跡が見える。串刺しにするかのように、竹が床から家屋を貫き、屋根から飛び出し、空に向かって伸びている。それが支えになって柱や壁がどうにか姿をとどめているものもあれば、竹の勢いが最後の一撃になって壁面全体が崩れ、地面のすぐ上に屋根だけという「家」もある。草や低木に埋もれたかつての田畑あとらしきものも見える。叔父ら先代が暮らしてきた家もまた屋根だけになっていた。

私は、自分とゆかりある人たちの暮らしが、たしかにこの森とともにあったことを感じた。空き家の多い集落を歩いたことは、これまで幾度かあった。ただ、これほど廃屋の多い集落を歩いたのははじめてだったと思う。私は、なんとも言えない寂しさを覚えた。

このような状況に直面する集落は、ここだけの話ではない。比較的条件のよい農山村集落もまた衰弱し、大なり小なり、いま素描した様相と似たような状況に陥っている。こういった状況は、経済と無縁で発生したのではない。もっといえば、農山村の衰弱やそれが生み出されている数多の問題は、これまで日本経済が追い求めてきた「ゆたかさ」の代償でもある。

そのことは、本書を待つまでもなく、多くの先達が指摘し、私たちの行く末の危うさに警鐘を鳴らしてきた。とりわけ、エントロピー経済学者の玉野井芳郎・室田武・多辺田政弘・槌田敦らは、農の営みの蘇生が「時代の課題」だと繰り返し主張してきた。にもかかわらず、大きな改善の兆しは見えないばかりか、ますます悪化しているように見える。農の営みをゆたかにするほうへ向かうどころか、自然の放置や無関心の連鎖が充満し、停滞している。

本書では、自然とりわけ森林がどのような存在であり、私たちがどのようなつきあい方を取り戻せるのか、ということを「時代の課題」に据え、読者のみなさんと考えてみたい。

本論に入る前に、ひとつ断っておくべきことがある。それは、『森の経済学』という題名の本書に、森の木々をいかにして売れるようにできるか、ということがほとんど書かれていないことである。私たちの問題意識がそれと裏返しのところにあるからである。つまり、森林をあくなき利潤追求の対象にしてきた結果、「遠く離れた森」に直面しているのであって、そうしたまなざしや考えを変えていく必要がある、と私たちは考えているのである。利潤最大化のみを動機としない人と森との関係性、人と人との関係性のつなぎなおしや創造の中に、一つの方向性を探りたい。そのうえで、まず経済至上主義的な考えがどのように森林政策に取り込まれ、森と人のあり方を変えてきたのか。さらにその延長線上に、現代の森林の放置や無関心の問題が引き起こされているのか。それらをじっくりと見つめてみたい。容易な解決策などないそれらの問題について、なかばオープンエンドに、読者のみなさんと考えてみたいと思う。

本書は大きく四部で構成されている。第Ⅰ部では、森の持つ特性を紐解きながら、そもそも人が森とどのようにつきあってきたのかにふれる。第Ⅱ部では、経済学・林学（森林学）が森林をはじめ自然をどのようにとらえてきたかを俯瞰する。第Ⅲ部では、森林をめぐる近代からの歩みを概観することを通じて、現代の森林問題がどのように生まれてきたのかを確認する。以上をふまえた第Ⅳ部では、「公」「共」「私」の役割や課題にふれつつ、「新しいコモンズ」の創造、その基盤をなすうえで重要な「自然アクセス」の考え方を試論する。

本書では、林学（森林学）や経済学にふれたことのない読者も念頭に置き、執筆を進めるように心がけた。参考・引用文献、脚注などが大分をしめる学術書特有の形式を極力避け、また、説明や解説においても平易さを心がけた。大学等における環境や森林についての入門書としても活用できるように、講義のガイダンスと最終回をのぞく、計一二回分の講義となるような章立てにした。各章末には、議論の続きを読者に期待し、「問い」も用意した。大学などの教育の場だけでなく、農林業を営む方々、農林業や地域づくりなどに携わる行政職員、自然保護や荒廃した自然の復元を目指し日々運動されているボランティア・NPO／NGOの人たちにも、役立ててもらえれば、幸いである。

読者のみなさんから忌憚のない感想や批判を頂戴できれば、これに勝る喜びはない。

二〇二二年四月三日

三俣学・齋藤暖生

森の経済学――森が森らしく、人が人らしくある経済◆目次

＊著者撮影による森や木々のカラー写真を日本評論社ウェブサイト上で閲覧できるようにしました（「森の経済学写真館」）。ご興味のある方は、https://www.nippyo.co.jp/55993_photo にアクセスしてください。また上の二次元バーコードを読み取っていただくことでもアクセスできます。

第 I 部　人間の経済と森

森の恵みをいただきに

第1章 人間にとっての森

1 連続的な空間としての森

■生物集団としての森

森とはなにか。国際機関(FAO:国際連合食料農業機関)や各国政府によってさまざまな定義がされているが、本書では、さしあたって樹木を主要な構成要素とする植物集団としておこう。植物は、植物にとっての資源があるかぎり、ところかまわず生育しようとする。植物にとっての資源といってもさまざまだが、植物の生育条件を最も左右するのは温度と水である。この二つが十分にあれば、植物の成長は旺盛になる。こうしたところでは、土壌が極端に貧困であったり、いちじるしい強風にさらされたりするなどの悪条件がないかぎり、日光を有利に享受できる背の高い植物＝樹木が優先し、森が形成される。温度と降水量を見ると、日本列島はほぼ全域が森に覆われる条件にある。いまでこそ、私たち人間の活動によって、森は大きく後退し、または細切れになっている。日本列島に人間が住み着き、水田稲作が本格化する二〇〇〇年ほど前までは、人口も少なく、国土のほぼ全域が森に覆われていたと考えてよいだろう。

私たちの居住空間や道路などによって物理的に分断され、また、所有者や管理者の違いによって社会的に分離され、人工林や天然林の違いなど経済的な意味付けで区分される森であるが、これらはあくまで人間の都合で切り分けているにすぎない。植物が生育を競う結果としての森という成立要因を考えれば、こうした区分は絶対的なものではない。

人間社会にとっての森、とくに経済の視点から森をとらえようとする本書において、所有や管理の違いによって分けて考えることは、もちろん重要である。しかし、森とのつきあいをよりよいものにしようとすれば、森そのものの成り立ち、つまり生き物の集合体としての森の姿も、なるべく深く理解する必要がある。

■切り分けられない森

なぜ、人間の都合に応じた便利な森の区分を相対化しなければならないのか、一つ例をあげて考えてみよう。

仮に、あなたがある土地を所有していて、そこに森があったとする。つまり、あなたは森林所有者である。ふつうあなたが所有している森の樹木はあなたの所有物となる。ここで、生き物としての森という観点に立つと、それらの樹木はどこまで「あなたのもの」といえるだろうか。

生き物としての樹木は、水を地中から吸い上げている。そのもとをたどれば、どこか遠い場所で発生した水蒸気が雨となってもたらされたものか、隣接した土地から地下水として流れてきたものだろう。あなたの土地にある樹木が、あなたが植えたものでなければ、それは風や鳥によって他の土地からもたらされた種から生えてきたものかもしれない。

さて、どうだろう。あなたの所有物である樹木は、あなたの土地だけで成育をまっとうさせることはできるだろうか。答えはかぎりなくノーである。現実的には、あなたの土地以外にあるさまざまな物質・生き物とつながることによってしか、森の樹木はそこに存在し続けることはできない。あなたの土地の樹木は、あなたの所有していない土地や生き物の恩恵で生きながらえている。逆に、あなたの森がそれ以外の森に恩恵をもたらしていることがふつうであるし、恩恵だけでなく迷惑なことも同様に人間が区分した土地の中にとどまることはない。

つまり、私たちは、概念的に森を区分けできても、生き物としての森はそれに応じて明確に切り分けることができない。こうした性質は経済学用語で「外部性」というが、この概念については第3章で詳しく説明することとして、ここでは、森は生態的な連続性があってはじめて機能する存在であるということを確認しておこう。

■森の移り変わり

さらに、もうすこし森の連続的な性質について考えを進めてみよう。

すでに見たように、森を構成する主要な生物は、樹木（高木）である。これらは例外なく多年生で、多くは人間の寿命よりはるかに長く生き続ける。私たちの時間感覚からすると、森はずっとそこにあり、変化がないように見える。一年のうちに様変わりする農地とは対照的である。

しかし、森は絶えず変化している。毎年、枯死する樹木があり、種子や、株元からの芽生えがある。幼い新参者は暗い樹陰下で息絶えるものも多いが、日陰に耐え、チャンスを見計らって立派に成長するものがある。そうやってすこしずつ、森を構成するメンバーは入れ替わる。

より目に見える変化は、森が壊れたあとに見ることができる。自然災害や、人間による伐採で、あるとき森林がなくなったとしよう。そこに、十分な土壌があって、そこに植物の種子が十分に供給あるいは埋蔵されているならば、日本のような土地柄であれば、先を争って多くの植物が繁茂する。最初に地表を覆うのは、成長がきわめて早い草の仲間である。それもほったらかしにしておくと、草よりは成長が遅いが確実に草の背丈を超える樹木が有利になってくる。太陽光は、上に葉を広げたもののほうが有利に使える。こうして、だんだんと樹木によって土地が覆われるようになる。気候や土壌条件によって異なるが、日本であれば、一〇年を待たずして、「森林」といえる状態になることが多い。

このような、植物の移り変わりを「遷移」という。これは、時間的に、植生が連続的であることを意味する。つまり、森は時間的にも連続的な存在であるということだ。

写真1－1　度重なる強度な森林利用が生み出した「はげ山」

逆に、遷移の段階を戻すようなできごとを「攪乱」という。日本列島においては、火山噴火、土砂崩れ、台風害など自然的な要因も多いが、やはり歴史的には人為的な要因が大部分だったといえるだろう。木材を得るための伐採や、柴刈り、草山での草刈りや山焼き、焼畑農業など、つねに森は人為的な攪乱にさらされてきた。明治時代のはじめころには、いまは森林となっている土地のおよそ半分くらいが草地の状態だったという(1)。激しい森林資源の収奪が行われた太平洋戦争終結直後の山地は、草木がほとんどない「はげ山」も多く見られた。少し歴史を遡ると、人為的な攪乱によって、森林まで遷移が進行せずに草地などの状態でとどまっていたところが多かった（写真1－1）。

このように、森は時間的にも連続的な存在である。目の前にある森林は、少し前までは草地であったかもしれないし、逆に、いまある草地も攪乱がなく放置されれば、将来的には森林となりうる。つねに遷移という時間的な力が働いている中で、背の高い樹木が優占した状態、それが森林なのである。

2　森を見るまなざし

■価値判断を掘り下げる

日本はゆたかな森に恵まれた国であるというのは、よく聞くフレーズだろう。たしかに、日本において森林が覆う土地は、国土の三分の二を占め、これは先進国の中でも一、二を争う水準である。しかし、「ゆたかな森」という表現には、森がもたらす恩恵が強くニュアンスとして含まれている。もし仮に、森が災いばかりもたらすイメージを持つなら、「ゆたかな森」などという表現は使わないだろう。

われわれ日本人がなぜ「ゆたかな森」というイメージを違和感なく受け止めているかは、なかなか深い問題なのだが、ここでは立ち入らない。さしあたって、こうした森のイメージの背景を探ってみたい。

あなたにとって、森の恵みとはなんだろうか。この本は紙でできていて、もとを正せば森で育った木々が原料になっているので、それを恵みと感じているかもしれない。おいしい空気を吸えること、山菜やキノコを恵みと感じる人もいるだろう。なぜそれらを恵みと感じるのかを掘り下げて考えてみよう。紙は木を原料にできていること、森の植物が二酸化炭素を吸収して酸素を供給すること、ある植物が食べるとおいしいことを知っているから、つまり、あなたにとって有益なもの、役に立つものと認識

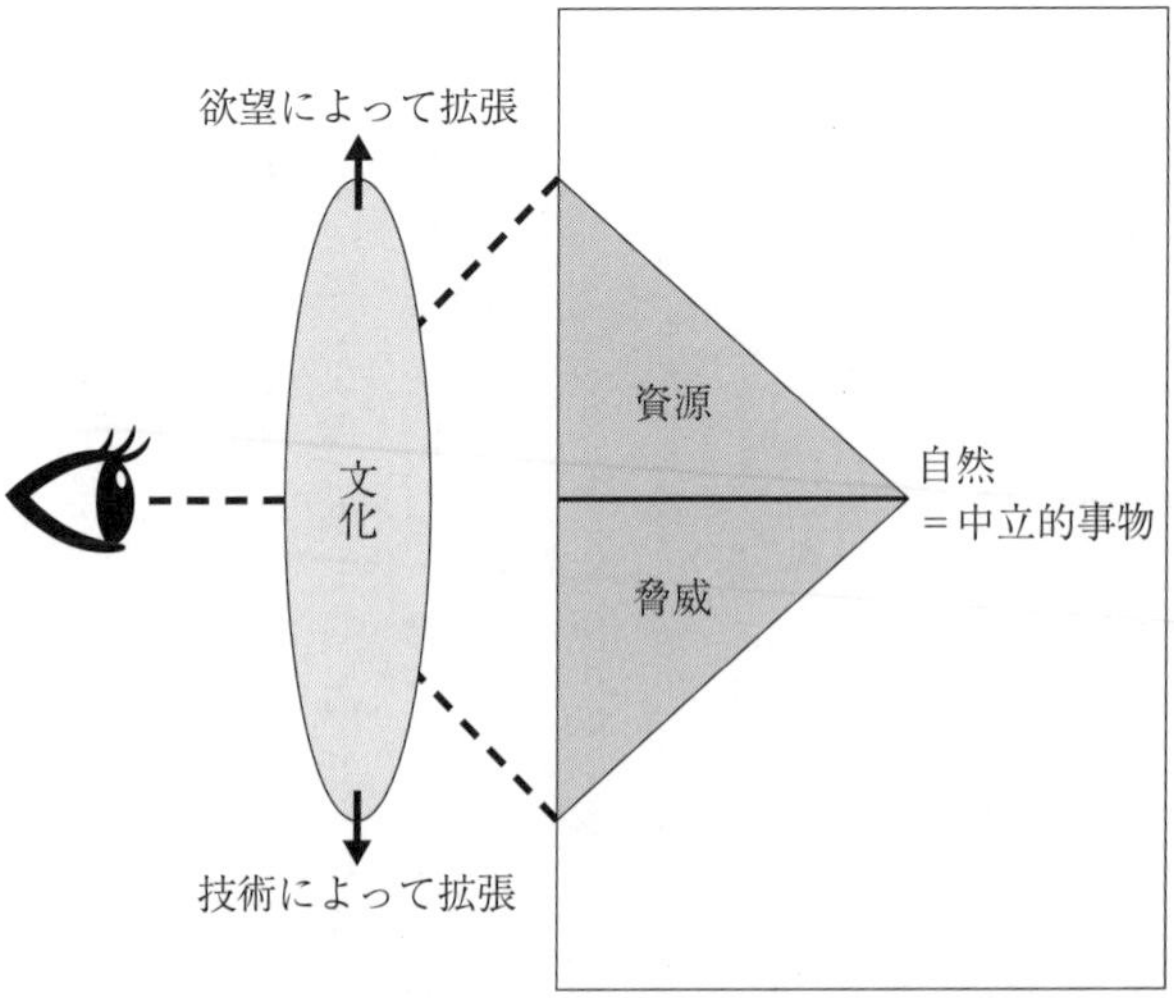

図1－1　文化というフィルターを通して見る世界

されているから、恵みと映るのである。

逆に、あなたにとって都合の悪いものがあれば、森は迷惑なもの、ととらえられることもある。都会でよく聞かれることであるが、木々が落とす落ち葉が迷惑でご近所トラブルになるという例がある。このように、森が役に立つとか、迷惑だということは、私たち自身のものの見方に依存している。そしてこれは、森にかぎらず、ほかの自然環境一般についてもいえることだ。

■相対的に価値付けられる森

先人の整理によると、私たち人間は、文化というフィルターを通して世界＝環境を見ている（図1－1）[2]。もともと、自然（環境）というのは、価値としては中立なものである。それを私たちが、自らが身に着けている文化を通して有益だと映るものやことを資源ととらえ、有害だと映るものやことを脅威ととらえているにすぎない。

これは、文化のあり方によって、資源と映る領域、脅威と映る領域が変わることを意味している。江戸時代、農村の人々は田畑の地力を維持するのに、肥料源として山の草に強く依存していた。したがって、草が生い茂る山は、農民にとってゆたかな山であり、木が生えてくるとのちのち日陰になって困るからといって引き抜いてしまう例もあったという(3)。このようなものの見方は、いまとなっては信じられないかもしれない。しかし、このように、同じ国の中でも時代が変わると、物の見方、資源と脅威の線引きの仕方が変わるのである。

ここまで見たように、私たちが森を資源ととらえたり、脅威ととらえたりすることは、主観的な営みである。そのとらえ方は、文化によって異なるもので、森にもとから備わっている絶対的な価値というものはない。森の価値は、私たちが森を見るまなざしによって与えられるものなのだ。

3　資源としての森

さて、ここから先は、森の価値は主観的に与えられるものだ、という観点に立って、私たちが森の「資源」ととらえている代表的なものを見ていこう。

■汎用性の高い材料＝木材

森の中で役に立つものとして真っ先に思い浮かぶのは、樹木の大部分を占める木材だろう。

縄文時代の遺跡からは、クリの木から採った木材が、大きな構造物を作るために使われていたことがわかっている。当時はまだ、金属器は日本に伝わっていない。木材の伐採・加工に使われたのは、石器だった。石斧で木を伐り倒すには、クリのような広葉樹のほうが容易だった。さらにクリは、楔を用いて容易に割ることができる。当時の人々にとってのクリの木材は最も重宝するものだったに違いない。

金属器が入ってからは、一転してスギやヒノキなどの針葉樹の木材がよく使われるようになる。縦の繊維が強い針葉樹も、鉄製の斧やノコギリなら伐り倒すのが容易になる。針葉樹は、広葉樹に比べると軽く、やわらかく、加工もしやすかった。さらに、幹の部分がまっすぐ長いのも、効率よく木材を得られるから、魅力だったに違いない。いまでは花粉症の原因として嫌われがちなスギやヒノキであるが、木材として見たとき、日本の中でこれほど重宝な木はなかった。

人類史という視野で見ると、木材はむしろ、燃料としての付き合いが長い。建物の材料などに使うには種類を選ぶが、燃料としてはどんな種類の木も使える。最近はあまり使わないかもしれないが、「あとは薪にしかならない」という表現がある。ずいぶんネガティブな表現だが、木材はかならず燃料として使えるということを如実に示している。

燃料として使う木材のうち、ひと手間かけて使うものとして木炭がある。木炭は、薪に比べると軽量で、かつ高い熱量を発する。この高い熱量を利用して初期の金属精錬・加工が営まれた。また、煙が出ないのも魅力で、主に暮らしのなかでも、室内で使う燃料として好まれた。

ヒトは、木材の「使える」要素をたくみに見出し、ときに技術（文化）を介することによって、資源となる領域を広げてきた。

■木材以外の多様な恵み

森は木材となる大きな樹木だけではなく、さまざまな生き物の集合体でもある。そのなかにも、当然、「資源」とみなしてきたものが多くある。

日々の暮らしで使う道具を作るには、大きな樹木ではないほうが使いやすい。例えば、カマツカは漢字で書くと「鎌柄」で、鎌の柄に使われたが、せいぜい五メートルに満たないような低木である。カゴやザルなど、編んで作る道具にはマタタビなどのつる植物、ササ・タケ類が使われてきた。

森がもたらす食べ物として代表的なものに山菜がある。山菜は、そのほとんどが草本植物で、木の芽としてはサンショウやタラノメなどがある。人間の手に届きやすい植物が山菜として利用されてきた事情がうかがわれる。朽木や切り株、林地から発生するキノコ、地面に落ちてくるクリやトチの実、つるに実るヤマブドウなども、食材として親しまれてきた。

もちろん農業が私たちの食糧を支える根幹であることに疑いはないが、それも長い時代を通じて、山野の資源に支えられていた。というのも、山野の下草や低木類、落ち葉など分解しやすいものが、肥料として農地に投入されていた。つまり、農業の持続性は、山野に生育する植物によって保たれていた。

森というと、大きくなる樹木にどうしても注目が行きがちである。しかし、日常生活に目を移すと、それ以外のさまざまな植物あるいは生き物が「資源」となってきた。

■場としての森

森は、モノの供給源だけでなく、場所そのものが意味を持つことがある。いわば環境としての森の価値、資源性である。これは、最近とくに強く意識されるようになっていると思われる。その代表例は、二酸化炭素の吸収源としての森というとらえ方だ。また、土砂災害の防止機能を発揮するものとして、健全に生育する森が期待されている。

こうした、森という場そのものが資源性を持つのは、いまに限ったことではない。江戸時代には、「水目林《みずのめばやし》」などとよばれ、水源の森として保全がはかられた森があった。魚類を育む、あるいは寄せ付ける働きを見出し、「魚付林《うおつきりん》」とよぶものもあった（第11章）。かならずしも実利的ではなくても、森は価値を持っていた。鎮守の森に代表されるように、神聖な場とみなし、厳正に保護されてきた森が各地にある。

4　脅威としての森

いまの日本では、森をゆたかさの源泉、つまり、資源であるとする見方が一般的であるが、森が厄介

写真１－２　オオカミが厄除けの象徴として描かれた護符
（埼玉県・三峯神社）

なものとして見られてきた歴史は長い。

■かつての森の脅威

そうした森へのまなざしは、昔話や童話の世界によく現れているという[4]。森はたしかに恵みももたらしていたが、恐ろしいオオカミの住処であり、ときに人を迷子にさせる恐れを抱かせる場所でもあった。そうした観念が、魔物が住み、人間を困らせる出来事の舞台として、森の世界が語られてきた背景にあるという。

実際、森が人々の生活を脅かす存在であったことは、史実からも読み取ることができる。江戸時代の農民が、肥料源として使っていた草山に木が生えてくると、迷惑なものとして引き抜こうとしていたことを先述したが、これは、森が脅威としてとらえられていたことの一例である。草山が森になってしまうということは、農地の地力が維持できるかどうか、つまり安定した食糧生産が維持できるかどうかという、死活問題でもあった。

また、森に住む動物も、しばしば人を困らせていた。日本においてオオカミは、災難除けの護符のモチーフとして神格化されていたりするが、これは、農作物を荒らすシカやイノシシを駆除してくれる存在だったという事情を反映している（写真1-2）。しかし、このように畑を守ってくれるオオカミも、立場が変われば、迷惑な存在だった。かつて馬産に取り組んでいた地域では、オオカミは馬を襲う害獣であり、大々的なオオカミ退治が行われた(5)。

動物の住処となる森を迷惑視していた例もある。江戸時代、将軍など特権階級によって鷹狩りが行われたが、そのために、鷹が繁殖する森は、「御巣鷹山《おすたかやま》」などとして厳重に保護されていた。富士山麓の村では、村に隣接する巣鷹山《すたかやま》が畑を荒らす獣の住処になっているから、藪切りや間伐をさせてほしい、という願い出がされたこともあった(6)。

■現代の森の脅威

こうした獣による農作物への被害は、明治以降の狩猟圧によってシカやイノシシの個体数がいちじるしく減少したことで、ほぼ忘れられていた。しかし、近年また、野生鳥獣による農作物等への被害は、日常茶飯事となっている。脅威としての森の側面のうち、いまの日本において、最も身近なものかもしれない。

そのほか、昨今とくに注目されるようになっているのが、森が関わる土砂災害の危険性である。スギやヒノキの人工林において間伐が適切に行われないと、林床の植生の衰退により、森林土壌が大雨で流出しやすくなる。また、採算が合わないなどの理由で、間伐したあとに現場に残される木材が、土砂災害の際に流れ出し、土石流の破壊力を高める可能性が指摘されている。

普段から意識することは少ないかもしれないが、森が自然物である以上、人間にとって都合のよいことばかり、つまり資源でしかない、ということはありえない。つねに、脅威としての側面も持ち合わせていることは忘れてはならない。

5　森の時間——資源の有限性と無限性

■森林資源は無限か?

第1章の最後に、本書をつらぬくだいじな視点として、「時間」を取り上げておきたい。なぜ時間がだいじであるのか。それは、森林の経済、つまり人間社会と森の関係の持続性に密接に関わっているからにほかならない。

森林資源は再生可能資源といわれる。たとえば、再生可能エネルギーの利用拡大が提唱されているが、その際、森林由来のバイオマスエネルギーは有力な一角を占めている(7)。森林バイオマスが石油や石炭、あるいはウラン鉱石のように枯渇性資源でないことは明らかである。森林バイオマスは生物体そのものであるから、再生の営みによって、何度でも再生しうる。理屈上は、その利用可能量は無限大ということになる。

■資源枯渇の経験

それでは、森林バイオマスは無限な資源かというと、そうではない。再生の営みが保証されるかぎりにおいて、無限なのであり、無条件で無限になるわけではない。事実、人間は何度も森林資源の枯渇を経験してきている。

世界史に目を向ければ、レバノンスギを使い果たし、砂漠の大地に変えてしまったメソポタミア文明が有名である。日本でも古代以降、巨大な社寺仏閣や宮殿を増築するために、当時の都《みやこ》近辺から針葉樹の良材が伐り出され、江戸時代に入るころには、遠く離れた地に適材を求めなければならなかった(8)。さらにひどい収奪は、江戸時代後期から明治時代、第二次世界大戦期に各地で起こっていて、草木が生えない「はげ山」が散見された（写真1-1）。森林資源の枯渇は、長い人間の歴史から見れば、つねに隣り合わせの悲劇だったといっていいだろう。

■森林資源の更新性

これら資源枯渇は、生き物としての森が再生する営みが無視されていたことによって生じていた。森を構成する生き物が再生するかぎり、ある時点の森林バイオマスを人間が消費してしまっても、次世代のバイオマスが保証される。逆に、資源の持続性を考慮すれば、ある時点で人間が消費していい量は限定する必要がある。

長い時間軸で見ると無限だけれど、ある時点では有限である。当然ながら、これは、他の再生可能資源とよばれるものに共通する特徴である。バイオマス資源については更新性のある資源ということができる。生き物は、次世代、さらに次の世代へと更新されることによって半永久的に存在し続けることができるような性質を持っている。ある世代において収奪されすぎれば、次世代で十分に回復しえないか、絶えてしまう。これが、更新性のある生物資源の有限性である。

例として、かつての里山での薪炭材の採取を考えよう。そこでは、二〇年前後の間隔で樹木の伐採が行われ、木材が煮炊きの燃料として使われた。その切り株からは、翌春に萌芽（ひこばえ）が発生し、それらが成長し、また二〇年ほどのちに同じような木材を得ることができた。ここで、ある世代の人間がもっと燃料がほしいからといって、どんどん短い間隔で木材を収穫していったらどうなるだろう。早晩、木材とよべるものはほとんど得られず、燃料としては価値の低い、草のようなものしか得られなくなる。

いま見た例では、ふたたび同じような資源を得るのに、対象とする樹木が更新する特性から、二〇年を要する。これが、里山薪炭林の更新性（再生能力）であり、これが、ある時点で人間が持続的に使える資源の量を規定することになる。更新性はあるが、その能力は有限なので、ある時点で使える資源は有限なのである。

森林資源の場合、更新性はなにを資源とするかによって千差万別である。山菜やキノコであれば、一年単位で更新するものもあるし、上の例で見たように燃料として使う木材であれば、二〇年程度で更新する。柱や板などに使う木材であれば、日本では五〇年前後のものが主流だが、古代から略奪の対象となったような長大な木材は数百年を優に超える。

■人の時間と森の時間

森と人の関係の持続性をはかるうえで、樹木のように更新に時間のかかる生物群の扱いはとくにむずかしい。あるとき、ある木材がほしいと思っても、ほしい量に対して十分な量が森になければ、少なくとも数十年は待たねばならない。一方で、数十年後に十分な量が確保できたとしても、すでにその需要はなくなっている可能性がある。

実際に、日本はそのような経験をしている。戦後の焼け野原から復興するのに、たくさんの木材が必要だったが、当時、山にある木は、まったくその需要には足りないため、さかんに植林が行われた。そして数十年たって木材として十分に使えるようになったとき、それらの木材をそれほど必要としない社会となっていた。

人間の世代や需要の移り変わりの時間スケールと、森の成り立ちの時間スケールは大きく異なる。私たちが森になにかを期待するとき、それがかなえられるまでに大きな時間差が生じることは当然であるし、人間の世代など数世代飛び越えてようやくかなえられることだってある。

私たちは、ほしい物があるとインターネットで注文し、早ければ翌日に商品が届く生活にだいぶ慣れてしまっているが、このように即時的には、森は人間側の需要に対応できない。早く成長する樹木の作出など技術によって人間の時間感覚にすこしでも同調させるような努力も行われているが、人間のほうから森の時間に同調していくような経済のあり方を追求していくこともまた必要であろう。

●読者への問い：
本章では資源としての森の一例として鎮守の森を取り上げた。これと同じように神の森として、なるべく人手を入れずに保護されてきた森は、世界各地に見ることができる。[9] このように神聖な場所として森を保護することにはどのような意味があったのだろうか？　また、本章で述べたように、単純に資源と位置づけていいものだろうか？　科学が発達した現代において、神の森として保護することにどのような意味があるだろうか？

注

（1）小椋純一『森と草原の歴史――日本の植生景観はどのように移り変わってきたのか』古今書院、二〇一二年。
（2）E・W・ジンマーマン『資源サイエンス――人間・自然・文化の複合』（石光亨訳、三嶺書房、一九八五年）の図2（二五頁）を改変。
（3）水本邦彦『草山の語る近世』山川出版社、二〇〇三年。
（4）『林業技術』誌上における神田リエ氏の連載「伝説と童話の森」（一九八二年四月－一九八三年三月号）を参照。
（5）菊池勇夫「盛岡藩牧の維持と狼駆除――生態系への影響」池谷和信・白水智編『山と森の環境史』文一総合出版、二〇一一年、一四四－一六〇頁。

（6）齋藤暖生「富士山北側の植生環境――『貴重な自然』はどのように守られてきたか」『BIOCITY』第八四号、二〇二〇年、二八-三五頁。
（7）バイオマスの定義等については第4章注8を参照。
（8）コンラッド・タットマン『日本人はどのように森をつくってきたのか』熊崎実訳、築地書館、一九九八年。
（9）秋道智彌『なわばりの文化史――海・山・川の資源と民俗社会』小学館、一九九五年。

第2章 森とともに歩んできた生活世界と経済の発展

1 生計を支えた森の資源

■人の経済と森

第1章では、本書で私たちの経済と森との関係を考えていく前提として、森そのものが持つ性質に着目して見てきた。いよいよ本章から、私たちの経済の視点から森との関わりを本格的に考えていくこととしよう。

さて、皆さんは、日本の森は日本社会の経済にどれだけ寄与していると考えるだろうか。もちろん、これに対して正確な答えを用意するのは、不可能といっていい(1)。しかし、なんらかの指標を設けることで、ある程度答えることができる。最も標準的な指標として、国内総生産（GDP）との関係を見てみよう。現在、日本の林業生産額は、国内総生産の〇・〇四ないし〇・〇五％である。この数字に愕然としてしまう人も多いのではないだろうか。これは、貨幣で取引されている部分に絞って見たものであるが、この数字は、あまりに少ないと感じるのは当然のことだろう。

一方で、日本は、森林が形成されるうえで地理的な好条件がそろっている。また、山がちな地形も手伝って、世界的に見て森林の豊富な国であるというのは、揺るがない事実である。

こうした森に恵まれた土地にわれわれの祖先は居着いた。そして、それぞれの時代に、高度な文化を発展させ、社会は成長してきた。江戸時代には、日本の人口は三〇〇〇万人に達し、経済のしくみも、複雑なものが発展した。注目すべきは、こうした発展が、基本的には国内の資源のみによって成し遂げられた、ということである。

このように見てくると、森が日本に暮らす人々の経済を大きく支えてきたことは疑いようがない。人間の経済活動にとって、森の存在はどのような意味を持っていたのか、素朴な経済のモデルから複雑な経済のモデルまで、順を追って見ていこう。

■最も根源的な人間の経済

経済活動という場合、複数の人間からなる共同体、あるいは共同体間のやりとりを想起するかもしれない。しかし、その究極はといえば「一人だけの経済モデル」であり、自給という手段によってのみ成り立つ経済モデルである（図２‐１）。その好例は、小説家のダニエル・デフォーが一七一九年に出版したロビンソン・クルーソーの寓話である。事実、カール・マルクス、シルビオ・ゲゼル、マックス・ウェーバーなどの高名な経済学者らが、労働、貯蓄、生産、資本主義の発達における勤勉な倫理観など、さまざまな視点から、この寓話を取り上げている。

この物語で、無人島で二八年間、ロビンソン・クルーソーの命をつないだのは、もちろん、類まれなる彼の気力、体力、精神、それを支える神への祈りなどである。しかし、より究極的には自然の恵みである。彼は、木の実や果物を採取し、川の水を飲み、家畜を飼い、それらを食して命をつないだ。彼の生存に欠かせなかった植物、動物に加え、重要なのが微生物である。これら三者の循環的つながりが、生態系（エコシステム）である。

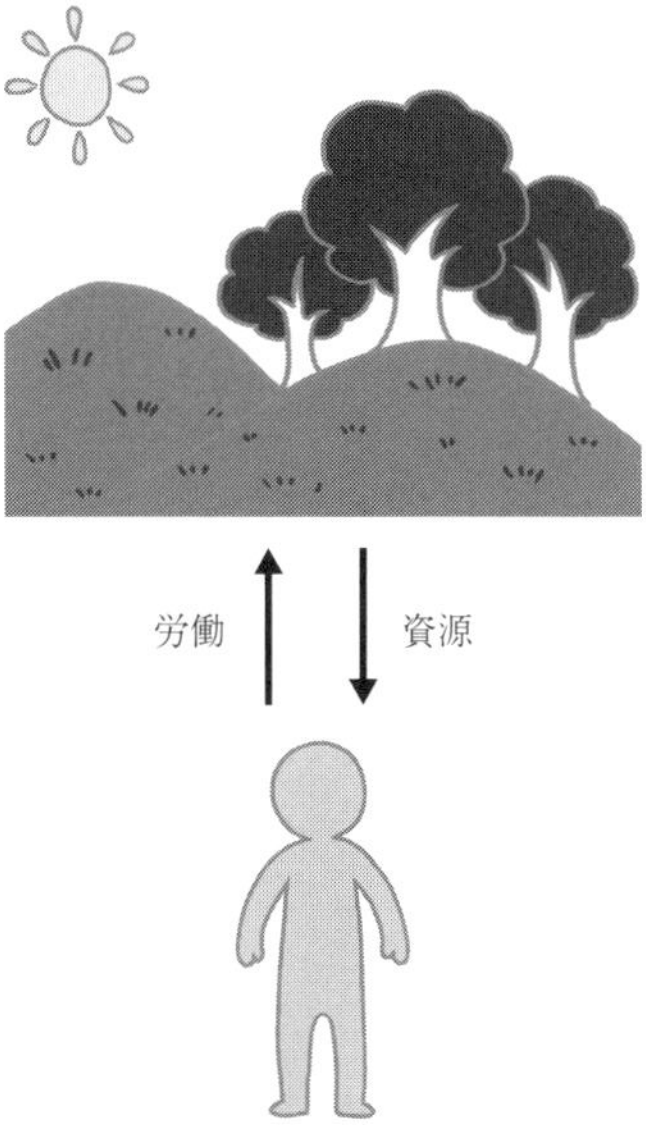

図２－１　最も単純な人間の経済と森のモデル（ロビンソン・クルーソーの生活世界）

植物は二酸化炭素、水、窒素やリンなどの無機物を素材とし、太陽光を原動力として光合成をし、ブトウ糖やアミノ酸などの有機物を生み出している。その際に発生する熱は、水が冷却剤となって蒸散することにより処分される。動物は、植物が生み出してくれる有機物を食物として摂取し、酸素と水を取り込んでそれを消化し、その際に発生する二酸化炭素と熱を環境中に放出している。植物も動物も老廃物を体外に放出し、寿命がくれば死ぬ。そうした老廃物や遺体は、土壌・水中にいる微生物が分解し、無機物と二酸化炭素と熱に変わる。そして、無機物と二酸化炭素は、植物がふたたび光合成を行うときの素材として活用される。水や大気の循環が保証されたうえで、炭素、窒素、リン、カリウムなどの物質が、植物から動物へ、動物から微生物へ、そして微生物からふたたび植物へと循環しているのである。

これら物質循環が機能していることが、人間の経済活動の前提になる（第3章）。植物のうち高地に優勢する森林はとりわけ重要である。森林土壌に蓄えられた窒素やリンなどの養分は、重力の法則にしたがって、川を流下し海に至る。水中の植物プランクトンは、これらの栄養物質を得て光合成し繁茂する。それを目当てに動物プランクトン、さらには水生昆虫や魚類が集まり、多様で豊富な海の環境を作る。流下した窒素やリンなどの物質は、やがては深海に至るが、海底から海面近くに湧き上がる海流、すなわち「湧昇流《ゆうしょう》」によって引き上げられ、海の植物プランクトンの光合成の材料として使われる。そうした海は、多様な動植物の生きる場となる。川や海の魚を捕食する鳥類が森に飛来してする糞や、海で育ち母川回帰したサケの遺骸には、深海から引き上げられてきた窒素やリンが、ふんだんに詰まっているのである。このように、まるで重力の法則に抗するかのような多様な生き物のリレーによって、海の窒素やリンが森林に引っ張り上げられ、ふたたびゆたかな森を形成する光合成の材料となる。

元来、人間の経済は、このような物質循環を大きく攪乱せず、むしろゆたかにするような方向を探りながら、営まれてきた。ロビンソン・クルーソーの寓話の教えることの一つは、人間の経済はエコロジーの教える可能性と限界の中にある、ということでもある。

■衣食住を支えた森の資源

ロビンソン・クルーソーの寓話に見るように、自然は、私たちが生計を営むうえでの欲求を満たし、それを一定の限度内で保証し続けるシステム（エコシステム）である。いまとなっては想像できないかもしれないが、日本の森も、もともとは、衣食住に関する人間の欲求を満たすものとして大きな役割を果たしてきた。

ただし、森から衣食住のために資源を得て、望む用途に足りるまで加工することは、多くの場合、骨の折れる仕事であった。また工夫や「わざ」も必要で、かならずしも楽に得られる恵みではなかった。したがって、森の恵みの多くは、交易や新技術（作物や家畜を含む）の導入によって代替され、やがて忘れられる運命をたどった。しかし、ここでは、かつて森が人の暮らしを支えていた事実を確認し、また将来的な活用の可能性として記憶しておくためにも、あえて忘れられた資源も含めて紹介しておきたい。

衣の資源(2)　森がもたらした衣食住に関わる恵みのうち、最も縁遠いと思われるのが、「衣」に関するものだろう。森林から得られる植物繊維として主要なものとして、シナノキ、フジがある。これらの樹皮の内側にある繊維を、剥皮《はくひ》、浸潤《しんじゅん》、煮沸《しゃふつ》、割くなどの工程を重ねることによって取り出したものが、糸や織物のもととなる。

一六世紀に始まったワタの栽培は、日本の繊維利用を一変させた。ワタは熱帯・亜熱帯地域原産の植物であるが、生産効率がよく、木綿が庶民の衣生活の主役となった。さらには、明治時代になると、中央アジア原産のアマ（リネン）が盛んに栽培されるようになり、繊維供給源としての山野の植物はほぼ省みられなくなった。いまでは、ごく限られた地域で伝統工芸として継承されているのが現状である。

このほか、獣の毛皮も衣類として利用されていた。

食の資源　人間の「食」にとって根幹を成すのは、炭水化物とタンパク質である。森の食材が人の食の大部分を支えていたと考えられる縄文時代には、日本列島の北のほうに多くの人口が分布していたとされるが、それは、北のほうに分布する落葉広葉樹林のほうが炭水化物に富む木の実と、タンパク質源となるサケやマスが豊富に得られたからだと考えられている(3)。

森がもたらす炭水化物に富む食材には、ドングリやクリ、トチの実などの堅果《けんか》類や、ヤマノイモなどの根茎《こんけい》類がある。とくに、日本の森林において優占的に生育することの多いブナ科樹木の実、つまりドングリ類は、主食となりうる重要な食材だった。しかし、ドングリ類の多くはタンニンを多く含み、簡たんに食用とすることはできない。したがって、食用とするまでには、長い時間と手間をかけて、煮《しゃ》熟《じゅく》や、数日にわたる水晒しなどをする必要があった(4)。さらに、堅果類は一般に豊凶の差が大きいという難点もある。農耕がもたらされてからは、命をつなぐ生命線という点では、山深い村においても栽培によって得られる穀物が主であり、森の食材はそれを補う位置にあった。しかし、水田耕作地域の拡大、とくに高度経済成長期以降の流通の発展は、日本のすみずみまでコメを主食の座に置き換えた。クセのないコメの味は、どのような料理にも合う美味であったし、その調理の容易さを知れば、もはや木の実には後戻りできなかったであろう。

一方、森から得られるタンパク質源としては、前述したように河川に遡上《そじょう》してくるサケやマスのほか、シカ、イノシシ、ウサギ、キジなどの野生鳥獣がある。一般にこれら動物類の生息密度は高いものではなく、サケ・マスを除けば、まとまった量を獲得することは困難であったし、また、不確実なものであった。明治時代以降、食用を目的とした家畜飼養がもたらされると、野生鳥獣の乱獲の問題もあり、タンパク質源としての野生鳥獣はすっかり影を潜めることとなった。また、ダム設置などによる河川魚類の減少や、流通の発達により海産魚介類が容易に入手できることになったことで、河川の魚類も日常の食卓からはすっかり遠のいてしまった。

住の資源　「住」の資源については、ほとんど説明を要しないだろう。誰もが、柱や板として木材が家屋の主要な部材となってきたことを知っている。少し付け足すならば、かつては、ススキなどの草本植物もカヤとよばれ、屋根葺き材として農山村で広く使われていた。住宅資材としての木材はいまもなお主役の座を保っているが、鉄筋やコンクリートを主体に構える建築物も多い。最近の新築住宅におけるる木造率は五～六割程度である。

2 共同体の経済と森

■群れで暮らす人間

前節では、最も単純な経済のモデルを確認し、そのような経済に森がどのように恵みをもたらしうるかを見た。これをふまえつつ、より実社会に近い複雑な経済のモデルにおける森の存在を考えていこう。つまり、一人だけではない、複数の人間がいる経済のモデルである。人間にとって、複数で暮らすということは、どのような意味を持つのか。複数人がいることで成り立つ経済が、私たちにとっていかに有益なものであるかを考える端緒として、民俗学者・宮本常一の言葉を紹介しておこう。

「人はできるだけかたまって住もうとしました。それはおたがいが、いろいろ助けあわねばならないことがあったからで、とくに科学も発達せず、人の力にばかりたよっているときには、できるだけ多くの人力を集めることが、もっとも大きな力になったのです。ですから、みんなが力さえあわせたら、どんなことでもできると信じておりました。[5]」

実際、人が集まって暮らすことは、日本の自然環境の中で暮らすなかでも、きわめて有益だった。田畑の開墾や灌漑のための水路開鑿《かいさく》は、「一人だけの経済モデル」では考えられないのではないだろうか。森林においても、群れた人々が協力し合うことは、森の恵みを経済に取り込む可能性を飛躍的に高める。長大な重量物である木材は、人々の協力がなければ、収穫し運ぶことはできない（第５章）。野山を縦横無尽に行き来する獣を狩るにも、複数の人が連携して取り組んだほうがだんぜん効率がよい。

■共同体の経済

こうした人の群れ、つまり集団を共同体という[6]。その共同体の経済の特徴の一つとして、前述したように、資源を得るために人々が協力すること、つまり共同作業があげられるだろう。さらに、個人の労働で得られた恵みか、共同作業で得られた恵みであるかにかかわらず、贈与や互酬とよばれる営みがある（図２-２）。

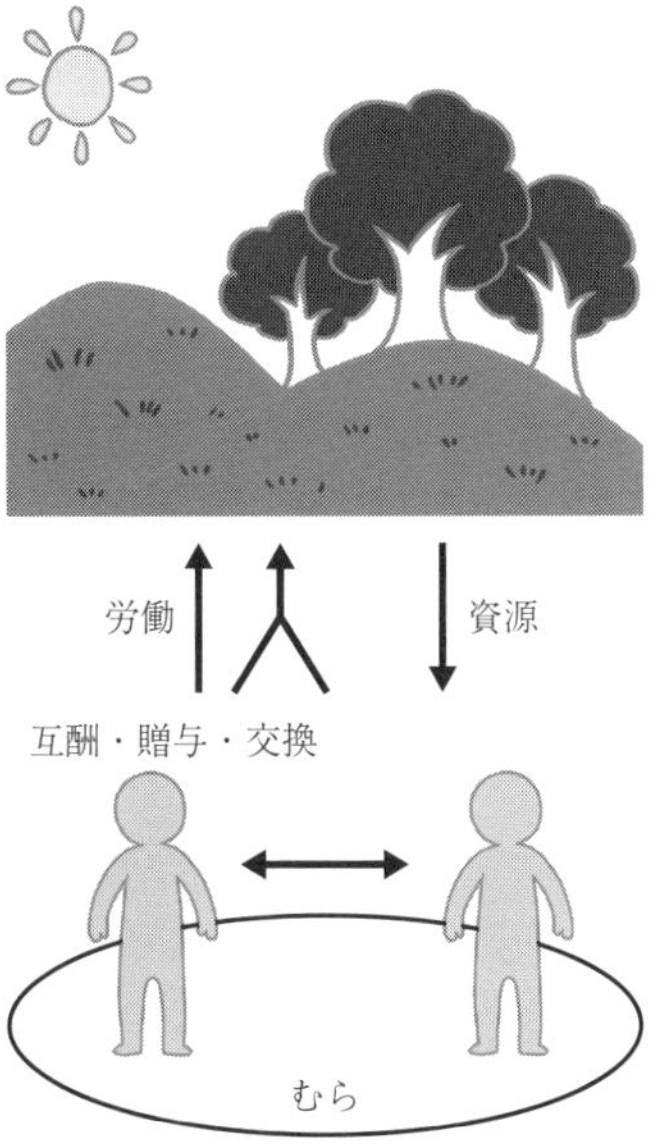

図２－２　共同体の経済と森のモデル（共同体の生活世界）

自らの所有物を他者に提供する行為が贈与である。後述する農山村に根づくおすそ分け慣行・文化だけでなく、プレゼントやお土産などの行為も贈与であり、時代や場所を問わない。贈与は、他者に対する感謝や返礼、優越感、蕩尽《とうじん》とよばれる過剰な富の蓄積の取り潰しなど、さまざまな理由によってなされる。多くの場合、見返りを求めずに行われるが、なんらかの返礼を期待してなされる贈与もある。たとえば、農山村の共同体間では、山の境界争い（山論）はもとより、水をめぐる争い（水論）が絶えなかった。地域によっては、水利上有利な立場の者に対し、下流に位置する者が酒や食べ物を送った慣行があった。このように、ある人から他者への一方向の贈与もあれば、双方向で行われる贈与もある。

後者は互酬とよばれる。互酬には、二者間の直接的な交換（限定交換）と多数者間の円環的な交換（一般交換）(7)がある。これら贈与や互酬は、市場における等価性にもとづく営為ではない。

■森と共同体の生活世界

以上は、私たちが慣れ親しんでいる「貨幣を媒介にした経済」とは、まったく姿の異なる経済である。そのような経済のしくみを持つ共同体では、どのように森の恵みを得ることになるのか、多くの人は想像しくにいのではないだろうか。または、想像はできても、遠く過去のこと、と思われるかもしれない。

ここで、森に囲まれた村落で観察される、共同体の経済というべきものを見てみよう。取り上げるのは、山菜をめぐる人々の営みの事例である。(8)場所は、岩手県の西和賀町、雪深い山村である。この地域の人々は、とにかく山菜をよく採り、よく食べる。その背景には、山菜は豊富に、無料で手に入る森の食材であるという前提条件があるのだが、それだけではない。これがないと食い詰めるということはないし、これに替わりうる野菜は畑で作ることができ、スーパーで安価に買える。それなのに、人々はときに危険を冒してまで山の奥へ採りに行こうとする。採ってきたあとの下処理もなかなかに手間がかかる。それでも他の食材に代替されないということは、森から採ってくる山菜が、人々にとって特別な意味を持っているからにほかならない。

その価値は、複合的なものである。まず、山菜はその独特の味・風味が高く評価され、ハレの日の食にも重用される。いわば、ごちそうの食材である。だから、人々はなるべくよいものを採ってこようとする。山には豊富に山菜があるが、本当によいものを採るのは容易ではない。人里近くではよいものはまず採れないし、広い山の中にあって、どこで、いつ、よいものが採れそうか、よくわかっていなければならない。これは決して単純労働ではなく、そこには工夫するがゆえの楽しみがある。

人々が採ってくる山菜は、その家庭ではとうてい食べきれないような量になる。これは、ハレの食用に保存しておくためでもあるが、なにより重要なのは、おすそ分け（贈与）として使うためである。興味深いのは、同じように山菜を採りにいけるはずの近所の者にも、おすそ分けがされることである。そこには、かならずしも皆がよい山菜を採れるわけではないという事情もあるが、おすそ分けする際の会話のタネになるということも見逃せない。主婦は山菜をいかにうまく料理するかに余念がないが、これは、料理をおすそ分けしたり、会食の場に料理を持ち寄ったりする機会があるためで、それらの場面では山菜料理をめぐって話が弾む。ごちそうである山菜は、多くの村人の関心事なのである。こうして、山菜はコミュニケーションの媒介になっている。こうしたコミュニケーションがあるから、人々は山菜を採りに行き、料理に手間をかけることを、簡単に放棄しない。

この、人々が山菜を山から得て、食べられるようにするまでの過程はそれぞれ、「労働」である。ここで注意すべきは、そこに「楽しみ」のような遊びの要素が含まれていることである。山菜を通じたコミュニケーションでは、採り手や料理の作り手の腕が評価されることにもなり、それは「労働」における「わざ」を高めることになる。ここには、市場での競争がなくても、よい財・サービスを生むしくみがある。こうした共同体の経済は、現存するものであり、通常の市場経済では得られないものが潜んでいることに、もっと目が向けられてもよいだろう。

3　複雑化する社会と森

次に検討していくのは、より複雑な経済のモデルであり、現代の私たちが暮らす時代の経済モデルと、本質的には同じようなものである。そこには、タイプの異なる複数の共同体（財・サービスの供給・消費主体）と、為政者（政府）がある（図2-3）。

■交易の発展と森への商品経済の浸透

考古学は、私たちが想像していたより昔から、共同体を超えた経済が存在していたことを明らかにしてくれた。たとえば、縄文時代には、黒曜石やヒスイなど、産地がきわめて限られているものが、あちこちの暮らしの場に入り込んでいた。これが意味するのは、共同体の範囲を超えた財のやりとり、つま

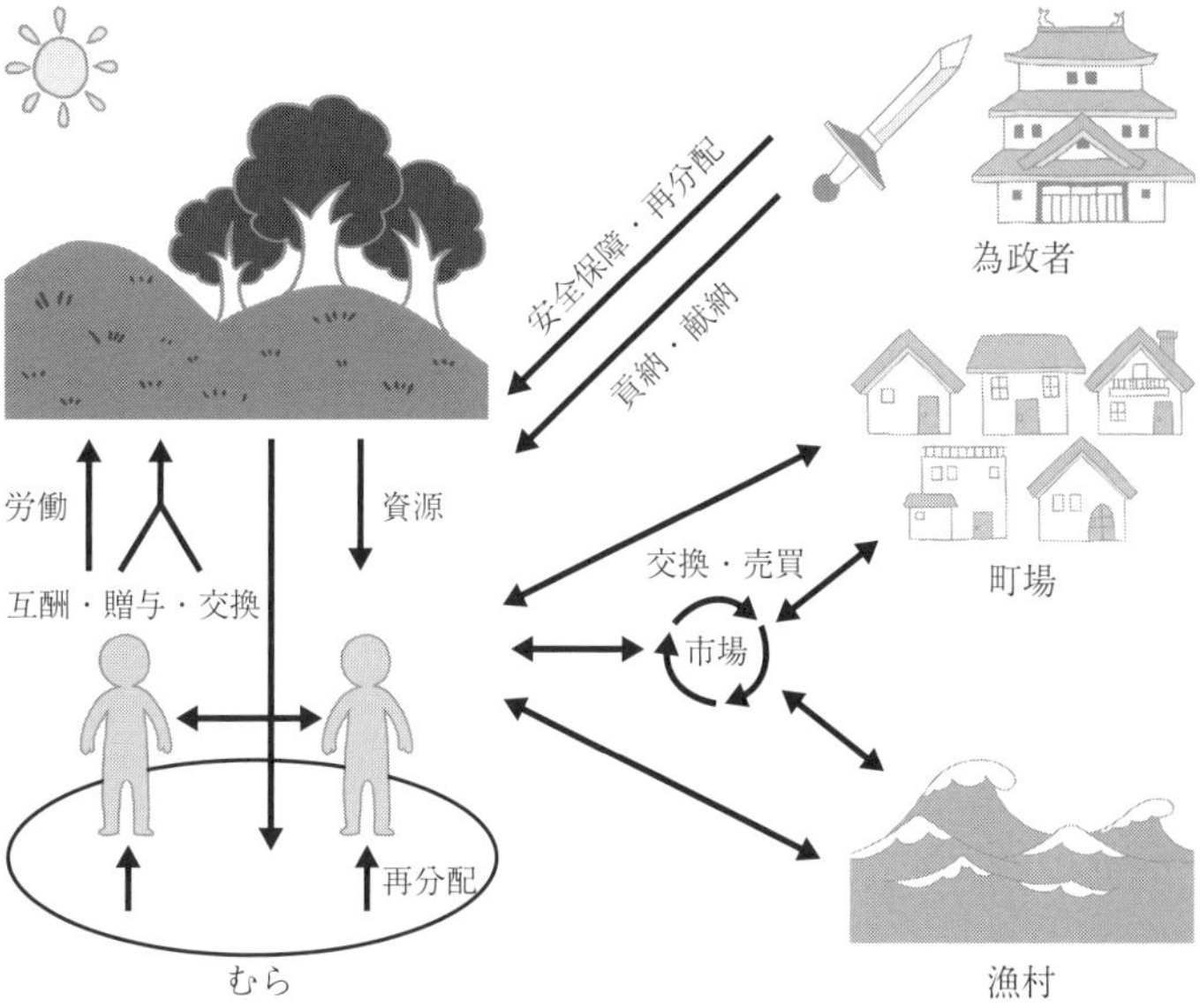

**図2－3　商品経済が浸透した社会と森のモデル
（複雑化した社会の生活世界）**

注）簡単のため、山のあるむら（左）と直接的に関わらない関係（為政者と他の村落、市場との関係）は割愛。

り、交易が行われていたということであろう。この交易が、どのように行われてきたかはわからないが、貨幣が見つかっていないことから、物々交換によっていた可能性が考えられる。

貨幣は、共同体への帰属意識や共通の価値を持つシンボルとして登場した[9]。物々交換だけでなく、貨幣を使うことで共同体は別の共同体とより便利に交易を行うことができた。貨幣の介在する交易においては、あるモノのある物理的量が貨幣何単位分か、というぐあいに貨幣単位で測られる。そして、同一の貨幣単位を有するモノどうしが取引される。

共同体間のやりとりが活発化する

ことは、森にとってどのような意味を持っていただろうか。森に囲まれた共同体どうしで、森の産品をやりとりするということはあまりないだろうが、森に乏しい共同体、たとえば町場や海辺の共同体との間では、森の産品がやりとりの対象となった。図2-4は、京都の北にある大原の女性が町（京都）に薪を売り歩く様を描いたもので、中世において、すでに典型的な職種としてとらえられていたことを示している。同様に、町場に近い山村では、薪は典型的な稼ぎの対象となった。一方で、町からもたらされる産品によって、たとえば、前述した木綿のように、森の産品が代替されていくことにもなった。

ところで、貨幣が仲立ちする交換をより高度に発達させた市場では、それまでの交易とは異なり、主体も取引現場も判然としないことが多い。匿名性の高い取引であっても、多くの場合、混乱なく進行するのは、人々が価格というシグナルに従って行動するからである。価格を目安として、複数の人々がモノやサービスを売ったり、買ったりするしくみが市場である。ここでは、モノが持つ情報が価格に集約されるので、モノのやりとりをするうえで、きわめて効率がよい。さらに、やりとりの過程で利潤として手元に残る貨幣は、腐ることなく、価値を半永久的に持ち続ける。こうして、貨幣でのやりとりが活発になるほど、とくに商人において富が蓄積されることになり、市場を通じた経済を発展させようとする力が働く。とりわけ、利潤最大化をはかる動機で展開される市場経済を商品化経済（私的部門）とよぶ（第3章）。

この商品化経済は、森へも確実に浸透していった。町場に近く、薪や木炭などを商品として売れた村では、その生産現場、つまり山じたいも売り買いの対象となった。

図２−４　京都に薪を売り歩いた大原女《おおはらめ》
『七十一番職人歌合』（東京国立博物館デジタルコンテンツ）より。

森への商品化経済の浸透は、見逃すことのできない森へのインパクトをはらんでいる。先に見たように、商品化経済を動かす動機となっているのは、貨幣を通じた利潤最大化であり、貨幣は価値を減じることなく無限に増殖可能である。これは、更新する能力が有限である森のしくみ（第１章）と、折り合えない可能性があることを暗示している。

共同体の経済にとどまるならば、必要な資源の量は、その共同体の構成員の数に応じて決まる。しかし、対外的な商品となれば、採取すべき量に際限がなくなる。事実、製塩業や窯業のため盛んに薪が買い集められたことで、それらを供給していた村落では、村人が日々暮らすための薪の確保に困難が生じ、過剰に搾取された山はついにはげ山になった。(10) このように、商品化が森のしくみを根底から破滅させる原動力となった事例は少なくない。

■支配する者とされる者

交易を通じて蓄積される富は、無視できない権力の格差を人々の間に生じうる。こうした格差が、世界中の人間社会の大部分において、遅かれ早かれ、支配する者と支配される者の関係を生んできた。それは、領主（支配者）と領民（非支配者）という関係になっていく。

こうした関係にあるとき、領主は森に近接する村落に暮らす人々に、森の産品の貢納を求める。この見返りとして、領主は村人の暮らしの安堵《あんど》、つまり安全保障を請け負う。村にとっては、村の外から侵略を受けたり、紛争となったりしたとき、領主は頼れる権力であった。村のほうから領主へ献納することがあったのは、領主の持つ力を、村のほうでも必要としていた事情を示している。領主の持つ力の源泉は、村々で産出された物品や貨幣のやりとりを通じて蓄積されている富である。したがって、領主は、権力の行使という形をとって、村に富を再分配していると見ることができる。

勘のよい人は気づいただろう。この構図は、近現代社会の政府と人々の間にも共通して見ることができる。近現代社会の政府は公権力として、徴税権や警察権を持つ。そして、その公権力を背景に再分配をするのが政府の存在意義である。

ところで、領主がほしがる森の産品と、村人のそれとには違いがあったことには、注意をしておきたい。領主は、城郭や橋梁など、大規模な建設事業のために優良な木材を欲した。優良な木材とは、大径で通直な針葉樹の幹材である。これに対し、村人は日々の暮らしのための焚き物として、木材の存在意義が大きかった。そのための木は大きい必要はなく、むしろ小さいもののほうが収穫と加工が容易である。曲がっていても燃やすには問題ない。だから、村人にとっては、収穫しやすく火持ちのよい広葉樹のほうがよりほしい資源だった。

領主がほしがる優良な木材は、村人が日常的に行使している木材収穫・加工技術で産出できるものではない（第5章）。これには、特殊な技術と技能が必要であった。権力者の需要に応じる形で、優良な木材を産出するための技能集団が形成された。こうした技能集団は、近場に技術者のいない山林に出張して産出を請け負うこともあった。

こうして見ると、林業、とくに木材生産に関わる技術は、支配する側とされる側との関係の中で生成・発達してきた側面があることをうかがい知ることができるだろう。

■分業と用途の多様化

木材の産出において、特殊な職能が必要なことは、いま見たとおりであるが、これはまだ「素材」としての産出にとどまる。木材が有効に使われるためには、「素材」を加工するための職能もまた必要であることは、容易に想像できるだろう。

歴史学者の網野善彦によれば、中世を通じて、「職人」は多様化した。そして、特殊な職能は、元は権力者に依存していたが、この時期に権力者から自立した性格のものが目立つようになった。網野は、この変化の背景には、現実社会における分業があると指摘している。[11] 本章で見た流れに引きつけていえば、人々どうしでの産品のやりとり、市場を通じたやりとりが、各種の職の分化と発展を促したというわけである。

中世における職人のありさまを、絵と和歌で描写したとされる一連の「職人歌合《うたあわせ》」の中に登場する、木材利用に関連する職人を取り上げてみよう。樵夫《しょうふ》（きこり）、材木売、大原女（前述の薪売り、図2-4）、炭焼き、大鋸挽《おがひき》（製材）、番匠《ばんじょう》（大工）、檜物師《ひものし》（ヒノキなどの薄板を用いて曲げ物を製作する職人）、檜皮葺《ひわだぶき》（ヒノキの樹皮で屋根を葺く職人）、ろくろ師（回転するろくろを用いて、お椀などを加工する職人）、櫛挽《くしびき》（くし職人）、弓つくり、矢細工、紙すき、といった具合である。[12] こうして見ると、すでに中世には、木材の採取（樵夫）から、一次・中間加工（大鋸挽、番匠など）、最終加工（檜物師など）、さらに流通（材木売）まで、高度に分業が進んでいたことがわかる。檜物師や櫛挽などは明らかに商品生産者であり、商品化経済を背景に生じてきた職種だろう。

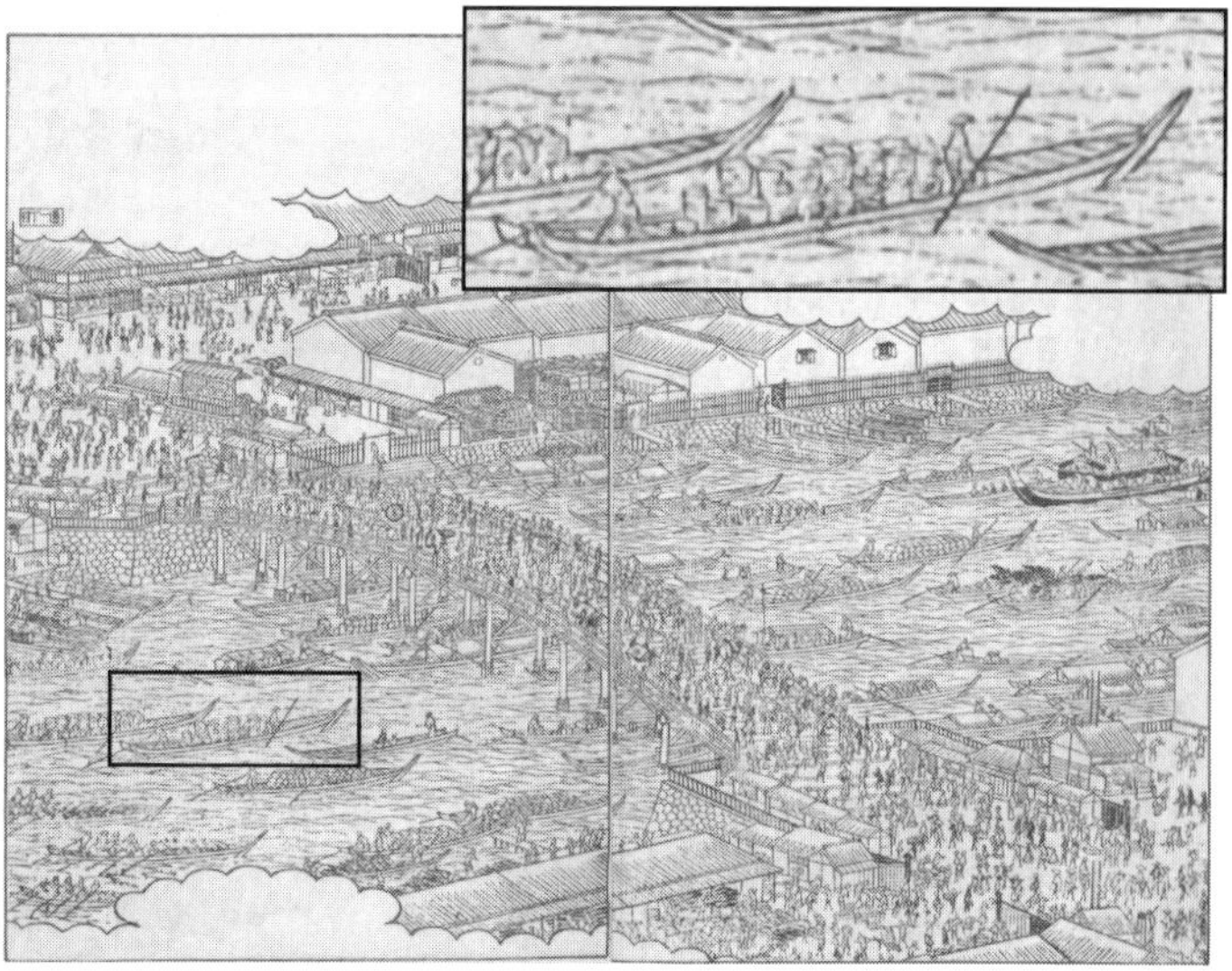

図2-5 江戸時代の流通を支えた高瀬舟と樽
『江戸名所図会』（東京国会図書館デジタルコンテンツ）より。

こうして、複数の共同体と為政者が絡まり合う経済のモデルの中で、森をめぐる経済社会のしくみは複雑化した。最後に、この複雑化が、さらに経済の発展を促す要因、つまり正のフィードバックとなっていたことを確認しておこう。

図2-5は江戸の経済の中心である日本橋を描いたものである。たくさんの店が軒を連ね、おびただしい人々が行き交い、日本橋の下には当時の物流の主流であった舟が、ところ狭しとひしめき合っている。ここで見える船は、高瀬舟とよばれるもので、船底が浅く、河川の通行に適応している。こうした船は、船大工という特殊な職能を持つ者によって、主にスギの板を用いて作られるが、その背景には、大鋸《おおが》によって木材を縦挽きする技術（職能）の発達があった。

さらに、ある船に着目してみると、船には樽が山積みになっている。樽も主にスギを用いるが、薄い割り板を緻密に調整して「たが」を使って結合することで、水漏れしない容器となっている。こうした加工技術（職能）が発達するのは、中世以降のことであるが、それまでは液体の容器といえば、陶器である甕《かめ》や壺であった。樽の画期的なところはその軽さにあった。これにより、液状の商品の流通がきわめて容易になった。樽に入った酒や醤油、酢などが各地を行き交い、江戸時代の生活を豊かなものにしていた。

本章の冒頭で掲げた問いに立ち戻ろう。少なくとも江戸時代までは、日本の森は社会の経済的発展に大きく寄与してきたといえるのではないだろうか。そして、森がもたらす恵みを極限まで引き出していたのは、権力者や市場を介した複雑な経済システムの発展と、それに応じて分業化した多様な職能の存在だった。(13)

●読者への問い：
日本の産業革命は、明治時代に幕を開けたとされる。その過程で、日本の森はどのような寄与をしただろうか。近代産業に寄与した森林資源の例をあげ、その貢献の仕方や盛衰について考えてみよう。

注

（1）この理由として、さしあたって、「経済」のとらえ方によって、把握する内容と難易度が大きく変わってくる、ということをあげておこう。国内総生産（GDP）といった指標でとらえられる「経済」は、金額として表現できるため比較的把握が容易であるが、貨幣の取引として把握できる経済活動のみしか把握の対象とならない。一方、のちに取り上げる、自給・贈与・互酬などの貨幣を介さない経済活動は、完全な監視社会にでもならなければ、その把握は不可能である。

（2）落合雪野「繊維植物と染料植物」日本森林学会編『森林学の百科事典』丸善出版、二〇二一年、三八四-三八五頁。

（3）鬼頭宏『人口から読む日本の歴史』講談社学術文庫、二〇〇〇年。

（4）松山利夫『木の実（ものと人間の文化史47）』法政大学出版局、一九八二年。

（5）宮本常一「日本の村」『宮本常一著作集』第7巻、未來社、一九六八年、二八八頁。

（6）本書における互酬・交換・再配分については、カール・ポランニーの経済のとらえ方に依拠している。より詳しくは、『人間の経済』（Ⅰ玉野井芳郎・栗本慎一郎訳、Ⅱ玉野井芳郎・中野忠訳）、岩波書店、一九八〇年。

（7）人類学者のB・マリノフスキーの研究（『西太平洋の遠洋航海者』）が有名である。彼は、パプアニューギニア北部および東部にある島々の諸部族間において、赤い首飾りと白い腕輪が交換されながら回り続ける（円環する）との意味を見出した。重要なことは、この交換は売り買いされる商品ではないこと、一定期間を経て、返礼品というかたちで交換される互酬であるということである。自分が贈与者として最も気前のよいことを示すこと、あるいは、相手を出し抜いてよい品を受け取ろうなどとしないことを示すこと、が重要視されるという。

（8）ここで取り上げた事例を端的に記したものとして、齋藤暖生「ありふれたごちそう――山菜の魅力」『森林科学』第八〇号、二〇一七年、二二-二五頁。

（9）貨幣には内部貨幣と外部貨幣がある。内部とは共同体の内部という意味である。これに対し、共同体の外にいる不特定多数の人々との間で使用される貨幣を外部貨幣という。今日の日本円は、外部貨幣が共同体の内部にまで浸透した汎用性の高い貨幣と考えることができる。

(10) 千葉徳爾『はげ山の研究 増補改訂版』そしえて、一九九一年。
(11) 網野善彦『日本中世の百姓と職能民』平凡社、一九九八年。
(12) 岩崎佳枝『職人歌合――中世の職人群像』平凡社、一九八七年、一四五－一四七頁。
(13) 斎藤修『環境の経済史――森林・市場・国家』岩波書店、二〇一四年。

第Ⅱ部　森の経済をとらえる学問のまなざし

複雑に入り組んだ広葉樹の林冠

第3章 自然環境に対する経済学のまなざし

森林は、再生の営みが保証されるかぎりにおいて、無限なのであり、無条件で無限になるわけではない。このことは、森林をふくむ自然つまり生命系の世界にほぼ妥当する原理である。そこで、本章では、経済学が自然をどのように認識し、位置づけてきたかを見ていこう。

1 経済学とは

『経済辞典（新版）』において、「経済学」は次のように定義されている。「社会科学のうち、経済に関して研究する学問。広い意味では、人間社会における物質的生活資料の生産と交換を支配する諸法則を研究する科学であるが、ほとんどは資本主義経済を直接の研究対象としている。(1)」

ここで確認しておくべきは、本書で注目する森林やそれを包摂する自然環境への言及がないことである。経済学において、自然は「あって当然のもの」とみなされているのである。推論や議論の出発点として与えられた前提を与件というが、標準的な経済学において自然は与件である。どれほど、市場経済が変化したとしても、自然はまったく変化しないという前提なのである。自然のほかにも、明示的あるいは非明示的な前提をおいて論が組み立てられている。そのような前提は、市場経済における生産や交換に関する法則を、数学的表現を用いて普遍的に示すために置かれるのである。

これは、経済学が方法論として、理想空間や絶対時間を前提として物質の運動法則を普遍的に示したニュートン力学（古典物理学）にならって、論の構築をはかってきたことに端を発している。そうすることで、経済学は「科学」として練磨され、現実の社会における経済問題に有効な処方箋を提供してきた。その一方、複雑多様な現実世界との間に、相当なギャップも生み出してきた。それらの前提条件やそれにもとづく経済学の考え方は、現実の諸問題を解決する方向にではなく、ときに悪化させる言説にもつながった。

以下では、そのような経済学の前提や考え方を、なかばランダムにとりあげながら、経済学が自然をどのように見てきたか、そして、近年どのような変化の兆しがあるのかを概観してみよう。

2 標準的な経済学におけるいくつかの前提

■自由財としての自然環境

私たちは、多くの場合、市場で必要なものを手に入れ、日常生活を営んでいる。市場でやりとりするのは、その財やサービスが稀少だからである。もし、すべてのものを無料でほしいだけ手に入れることができれば、市場はいらない。つまり、稀少性を持つ財やサービスを分け合わないといけないので、市場が必要になるのだ。それゆえ、市場の機能を分析する経済学で扱うのは、市場で取引される財やサービスが中心をなす、ということになる。このような市場で取引される財を、経済学では経済財とよぶ。

しかし、この世の中には、市場で取引されない財もある。自然はその典型である。元来、自然は潤沢で無償で手に入れることができる。経済学では、このような財を自由財とよぶ。とはいえ、「無料であること＝価値がない」わけでない。清浄な空気があって私たちは呼吸ができ、水や食物を育む土壌のおかげで私たちは生命を日々つなぐことができる。

そのような人間の生死に関わる貴重な自然を無料で、しかも潤沢に提供し続けてきたのは、いったいだれなのか。人間のなす労働ではない。それはほかならぬ自然である。その自然は、相互に連関し機能している。森の土壌は樹木を育み、それらは水を涵養する。その水はやがて河を形成し……、という具合に、相互の連関が成立してはじめて機能している（第1、2章参照）。そのような自然の諸循環（物質循環）の健全さが保証されてさえいれば、自然は私たちにその恵みを無償で「気前よく」提供してくれるのである。

この自然が無料で提供する自然、いいかえれば「自然の生産力」に着眼すると、経済学における生産の概念が奇妙に見えてくる。私たちが生産ととらえる過程は、自然が生み出したものをたんに消費しているにすぎないのではないか、と。たとえば、木材生産は、自然が生み出した木々を人間が伐採し消費しているにすぎない。工業における生産も、地球が長い年月をかけて生成した石炭や石油を人間が採掘して消費しているにすぎない。それら私たちが生産とよんできた自然の消費が、自然の諸循環を不可逆的に破壊するに至って発生しているのが、現代の環境問題ということになる。

自然を与件とした経済学は、人間の経済が自然の制約を受けず、あたかも無限の経済成長（永久に続く生産と消費）が可能であるかのような言説を生み出すことになった。その結果、深刻化をきわめた環境破壊は人間の経済の前提たる生存基盤をも脅かすに至った。従前の自由財という文脈に閉じ込め続けるのでなく、すべての人間に共通して不可欠な社会的共通資本として、あるいはコモンズとして、その再定位をはかろうとする試みが見られるようになってきた(2)。詳しくは第９章で見るとして、ここでは、「無料であること＝価値がないこと」ではないことを確認しておくにとどめておこう。

■対象外にある非商品化経済――捨象されてきたコモンズの領域①

経済学において、森林をふくむ自然の価値が認識されるのは、市場で価格が明示されるときのみである。森林の場合、もっぱら用材として木材市場で取引される局面においてである。山菜やキノコもまた、商品として加工・流通され、市場で売買されてはじめて、経済財となる。しかし、今日なお、農山村においては都市域に比べて、自給の世界の裾野が広い。山菜をはじめ農作物の「おすそ分け」などの互酬が息づいていることはよく知られている（第2章）。集落で共同して利用する水路、林道、森林の手入れなどは、集落のメンバーが無償で共同して行う。いずれも市場以外における人の営みである。本書では、こうした市場でやりとりされない人々の交換や諸営為を非商品化経済、それに対して、市場で主に貨幣を使って取引する営為を商品化経済とよぶことにしよう。これら非商品化経済での諸営為は、歴史を通じて農林業の基盤を担ってきた重要な営みであったし、衰弱しつつあっても、今日なお、そうであり続けている（第7章）。

経済学は、このような非商品化経済の持つ機能や意義について目を向けてこなかった。市場でやりとりされない営為は価格を持たず、数的分析が不可能だからである。そのような諸営為は経済学から見れば雑多で、「富たらざるもの」と決め込んでいたきらいすらある。しかし、非商品化経済の人間の営為はきわめて多い。先の農山村の例以外にも、家族や友人との関係、自治会、ＮＰＯ、ボランティアなど、あえて市場で商品化しないことによって、醸成される親しみや信頼にもとづく諸営為があることも、私たちは経験的に知っている。ところが、近年、こういった非商品化経済にある諸営為を稀少化して、商品化経済へ取り込むことで「富」の増大をはかろうとする傾向が顕著である。それは、先人たちがあえて市場での取引対象としないことで健全性を保ってきたものにまで触手を伸ばしつつある。それらの多くは、元来、富める者も貧しきものも、等しく享受できるように公共部門やコミュニティがまもってきたのである。水道事業がその典型である。近年の公営水道事業の民営化の動きは、人間の命に関わる水でさえ、貧しき者はその利用から締め出される恐れがあることを示している。

■暗黙裡に想定される私的所有——捨象されてきたコモンズの領域②

資源・環境問題が本格的に表出しはじめた一九六〇年代後半、ある一本の論文が公表された。生物学者のギャレット・ハーディン（Garrett Hardin：1915–2003）による「コモンズの悲劇」（一九六八年）である。集団で共有・共用される資源はかならず枯渇するゆえ、私有あるいは公有にすべしと説いたこの論文は、経済学者においに歓迎された。理由は単純明快である。経済学は、私的所有を暗黙の前提としているからである。市場経済の利を引き出すには、財とサービスが各経済主体間で円滑かつ迅速に交換できることが不可欠である。それを満たす最もふさわしい所有形態は私的所有というわけだ。私的所有は、対象物に対し、一個人ないし一法人が利用・収益・処分を排他的に行うことができる。共有や共用の場合、メンバー全員の同意があってはじめて、利用や処分が決定できる場合が多い。同意を得るためには話し合いや調整の時間や労力が必要になる。経済学で取引費用とよばれるこのような時間や労力は、迅速な財の交換を前提とする市場においては障害でしかない。加えて、共有や共用の制度下では、そのメンバーの中に対象財から利益だけを得て、維持管理のための費用や労働を提供しないフリーライダーが出現する。このように取引費用やフリーライダー問題がつきまとう共有や共用は、経済学では厄介な制度にしか映らないのである。

ハーディン論文の刊行前年の一九六七年、シカゴ大学のハロルド・デムセッツ（Harold Demsetz：1930-2019）が、人類学者の行ったビーバーの毛皮取引の研究を参照しながら、私的所有の発生と資源管理における私有の優位性を強調する論文を発表している。私有による外部性（ビーバーの枯渇）の内部化から得られる便益が、私有を機能させるための費用（柵の設置やモニタリング費用）に比べ高い場合に、私有制度が誕生し機能するのだ、と。これらの論文が影響力を持ち、途上国における実際の資源管理政策に適用されたことは現実世界で悲劇を生んだ。生活の糧を共有・共用する自然から得てきた村人たちにとって、その解体政策（私有化ないし国公有化）は離村を迫ることを意味した。村人たちは、都市に移住したものの貧困をきわめただけでなく、治安悪化の原因ともみなされ、都市でも排除されたのである。

■市場の「外」にある問題としての資源・環境問題

経済学にとって自然は与件として扱われてきた。別の表現をすれば、自然は中心的な分析対象の「外」に置く、ということになる。中心的議論はあくまで市場であり、それが「内」である。市場の「外」に置かれた自然が劣化し、「内」である市場における経済活動に不都合をおよぼすに至ってはじめて、「外」ではなく「内」において解決をはかりましょう、となる。この解決法を経済学では、「外部性の内部化」とよぶ(3)。これを体系的に示したのが、ケンブリッジ大学で研究を進めた経済学者セシル・ピグー（Arthur Cecil Pigou：1877–1959）である。外部性は、ある経済主体の活動が他の経済主体の活動に与える影響のことであり、よい影響の場合を外部経済、悪い影響の場合を外部不経済とよぶ。たとえば、適度な伐採と管理を行う林業事業者の営為が、森林からの安定した水量の供給につながるとすれば、下流で農業を営む人たちの活動によい影響を与える。逆に乱伐をしたり、伐採跡地の植林放棄をしたりする林業経営者の営為は、鉄砲水や土石流を発生させ、下流に住む農家の営みに被害を与える。前者が外部経済、後者が外部不経済の例である。いずれの外部性も内部化することが経済学的には望ましい。とはいえ、自由競争にもとづく民間経済に信頼を寄せる経済学者にとっては、たとえ内部化が理由であっても、公的部門の肥大化は望ましいわけではない。たとえば、シカゴ大学で、法経済学の道を開いたロナルド・コース（Ronald Coase：1910–2013）は、外部性の利害関係者が話し合いを通じ内部化をはかる「コースの定理」を提案した(4)。

このように、理論的に外部性は市場で内部化できる。しかし、現実は他主体の経済活動から受けた影響を費用推計することはむずかしい。人命に即影響する重金属汚染などの対応となれば、インセンティブによる汚染者の行動変容を促す市場の内部化策では時間がかかりすぎる。法令による直接規制が重要な役割を果たした日本の公害の歴史が、その一端を物語っている。市場の「外」に置いた自然の破壊を、市場の力で対応するには限界がある(5)。

■現実が教える有限な自然――制約の出発点としての一八六五年

現在に至る世界経済の方向性を決定づけた歴史的事象といえば、英国の産業革命である。産業革命によって、本格的な工業社会の形成や広域におよぶ国際貿易が展開されることになった。多くの便利な財やサービス、それを引き出す科学・工業技術の誕生は人々におおいなる夢を与えた。と同時に、「この栄華がいつまで続くのか」という疑問や不安が生じてくる。その問いにヒントを与える二つの学術成果と環境保全史上の画期を成す出来事が起きた。いずれも一八六五年のことである。まず二つの学術的成果から見ていこう。

一つ目は、英国の経済学者のウィリアム・スタンレー・ジェヴォンズ（William Stanley Jevons：1835–1882）の『石炭問題』（*The Coal Question*）と題する著作の出版である。同著においてジェヴォンズは、枯渇性資源の石炭に依存する英国の経済的繁栄は、早晩、陰りを見せ、やがて衰退すると考えた。彼は、英国の一九世紀初頭の人口が四倍に増大する一方、石炭消費量が一六倍以上になった事実を指摘し、石炭を動力とする熱機関の改良がどれほど進んだとしても、社会全体での石炭消費量を減らすことはできない、むしろ増加すると説いた。当時の熱機関の改良は石炭の節約効果を生み出していたが、新技術が生む動力への需要が、節約効果以上に増大する現象を当時の英国経済から、彼は的確に読み取ったのである。そうした熱機関の改良そのものが、新たな石炭需要を増大させ、社会全体での石炭消費量が増大（英国経済の栄華の終焉を早めることを意味）する歴史的事実を強調したのである。

二つ目は、物理学者のルドルフ・クラウジウス（Rudolf Julius Emmanuel Clausius：1822–1888）による

写真３－１　ヘンリーオントーマスにあるオープンスペース協会（写真右：ケイト・アシュブック事務局長）

エントロピー概念の発見である。エントロピー法則は、熱力学の第二法則として、エネルギー保存則の第一法則と並び、この世の中の森羅万象に普遍的に作用している。熱物理学的な説明の仔細に立ち入らず、その社会科学的な含意について述べれば、次のように表現できる。どれほど有用な資源（低エントロピー）であっても、当該資源は時間が経過するにつれ、かならず劣化しやがては廃熱と廃物（高エントロピー）に化す。要するに、これら廃熱や廃物のかたちで表出するエントロピーをうまく処理できるかどうかが、人間の個体レベルの持続性から、エネルギーを膨大に使って成り立つ工業社会全体の持続性までをも握る鍵ということになる。

　四六億年にわたる地球史上において、あらゆる生命活動を通じて増加するエントロピーは、土壌による分解はもとより、水や大気の諸循環によって、最終的には地球系外に低温熱のかたちで放出・処理されてきた。その地球の諸循環によって処理できるエントロピーは有限である。それゆえに、持続的な生命活動は、地球が破棄できるエントロピーの範囲内に制限される(6)。つまり、生態系からの人間の経済活動への制約条件なのである。

最後の一つ、一八六五年に起きた環境保全史上の重要な出来事とは、第12章で詳述するオープンスペース協会（写真3-1）の設立である。これは、同協会設立までに続いたコモンズの囲い込み、つまり土地所有者による私有化の拡大に歯止めをかけるための協会であり、世界に先駆けて発足した環境保全団体である。詳細は第12章に譲り、ここでは同協会設立に、古典派経済学者のジョン・スチュアート・ミル（John Stuart Mill：1806-1873）が多大に尽力したことだけを述べるにとどめよう。

■有限の自然を乗り越える先送り策――自由貿易のマジック

ここまで見てきた経済学の生誕地で一大メッカは英国である。近世後半からの人口増加にあって、アダム・スミス（Adam Smith：1723-1790）に続く、デイビッド・リカード（David Ricardo：1772-1823）、トマス・ロバート・マルサス（Thomas Robert Malthus：1766-1834）、ジョン・スチュアート・ミルなど古典派経済学とよばれる人たちは、いかにして英国の繁栄を謳歌し続けられるかを考える使命を負った。「論の展開の差」はあれ、自然は人口増加に対応し続けられるだけの富を無限に与えてくれはしない。つまり、自然は有限だと考える点で、彼らの見解はある程度一致していた。

とりわけ、リカードとマルサスの論争は有名である。リカードは人口を養える自然がないのなら、他国から食料輸入すればよい、と考えた。つまり、他国の自然を利用し自由貿易を進めれば、英国の経済成長は可能だ、という案を提示した。これに対し、あくまで英国内を想定したマルサスは、等比級数的に増加する人口と等差級数的にしか増加しない食料生産の違いに着目し、食糧不足による飢餓状態が起こる前に、人口増大を抑制しなければならないと主張した。自然の有限性を強調し、倫理的にも受け入れにくいきびしい人口抑制（戦争・疫病・姥捨てなどによる死亡率の向上策）までをも射程においた彼の考え方は受けが悪かったようである。リカードが勝利したかのように、自由貿易を求める運動が起き、現実の政策においても、一八四六年には穀物輸入規制法が撤廃され、自由貿易体制の方向へと進んだ(7)。

ここであえて見ておきたいのは、先に触れた「論の展開の差」についてである。リカードは『経済学及び課税の原理』(*On the Principles of Political Economy and Taxation*, 1817）の第1章の冒頭部で、無限の自然と無限の商品が前提のごとく論を進めるが(8)、続く第2章から第6章では、それが不可能なことを論じている。たとえば、経済成長により増加した人口を食糧増産によって扶養できるかをリカードは検討する。人口が増加するにつれて高まる食糧需要に、生産性の高い農地だけでは対応できず、やがて劣等地においても農業をしなくてはならなくなる。そうなれば、労働生産性の低下を免れえない。

事実、英国の歴史においては、労働生産性の低下を補うべく、農地の生産力の向上をはかる三圃式農法（放牧による休耕地への牛馬糞尿の供給）やノーフォーク農法が導入された。さらに一九世紀初頭には南米ペルーから、窒素・リン酸石灰を理想的にふくむグアノ（guano）とよばれる肥効の高い海鳥の糞が輸入されるようになった（写真3-2）。他方、都市において大量に発生する人糞尿が運河を介し、都

写真３－２　堆積するグアノと島の上を飛ぶ鳥たち（ペルー沖パジェスタ島）

市近郊の農地に還元されてもいた[9]。

しかし、そのような不断の努力を上回る人口増による食糧需要が続けば、やがて限界は来る。穀物価格は次第に上がり、農業従事者の賃金が上昇する。リカードの商品価値は、資本の利潤と賃金から構成されているので、賃金の上昇は利潤の低下を意味する。このように有限な自然を前提とするかぎり、経済成長による人口増加により、やがて利潤がゼロの定常状態（stationary state）に至る。定常状態の経済とは、人口増加や資本蓄積など量的拡大による経済成長が、どの経済アクターの創意工夫によっても生じえない状態をいう。定常状態を乗りこえる理屈としてリカードは、英国から他国へ工業製品などを輸出する一方、他国の農産品を輸入する自由貿易の利を説いた。環境学者の中村修は、「無限の商品」と「無限の自然」を可能にするこの論の展開を「マジック」と表現している[10]。マジックである以上はかならずタネがある。それは、国内という枠を外す、ということである。

無限の自然を提供してくれる他国が存在するかぎりにおいて、このマジックは魅力的に演じられる。そうである以上、経済成長を遂げた国が次々に出現し、英国に続けば、やがて地球レベルで自然は尽き果てることになる。

リカードはこの自由貿易による自然の無限化が「先送りの解法」だということもよく理解していた。同時に、当時の英国経済と比べて、他国に広がる自然は十分大きいことを確信していたからこそ、貿易の利を説くことで経済成長は当面可能である、という処方箋を提示しえたのである。

■比較生産費説とそれへの批判

リカードは、前掲書において、一国における各商品の生産費の比率を他国のそれと比較して、優位にある商品を輸出し劣位にある商品を輸入すれば、貿易を通じて、双方の国は利益を得ることができると論じた（比較生産費説）。国際間での貿易を通じ、利益を上げる勝ち組と、損失をおう負け組が出てくるのが世の常である。前者の利益の合計が後者の損失合計よりかならず大きくなることを根拠に、経済学者の多くが自由貿易の論理を受け入れてきた。他方、批判もある。

たとえば、リカードの想定した「国際間の資本移動の不在」という前提条件に対する批判である。比較生産費説にもとづく貿易が両国民の利益になるのは、国際間の資本移動の不在という条件下においてのみである。「もし、資本がその最も有利に使われる国々へ自由に流出するものならば、利潤率の高低の差はあり得ないであろう」(11)とリカード自身もこれを明示していた。彼の時代とは比較にならないほど、資本の国際間移動が活発になった現在、この前提は成立しない。また、比較優位にある財の生産に特化することによって、モノカルチャー化が進むことへの批判もある。リカード自身の使った例でいえば、イギリスは牧草地ばかりに、ポルトガルはブドウ畑ばかりになってしまう、という具合である。

3 主流派経済学における変化の兆し

■自由貿易も経済成長も経済格差を是正しえない

自由貿易に対する批判は上記以外にもある。[12] マクロ経済学の祖であり、二〇世紀の経済学の巨匠として知られるジョン・メイナード・ケインズ（John Maynard Keynes：1883–1946）は、農業の消滅を余儀なくするような無制限な自由貿易をけん制し、ときに大切なものを守るために関税が防波堤として重要だと語っている。[13]

近年、主流派の経済学者からも、自由貿易や経済成長などに関する批判が増えはじめてきた。たとえば、二〇一九年ノーベル経済学賞受賞者の開発経済学者アビジット・バナジー（Abhijit Vinayak Banerjee：1961–　）は、自由貿易の利を受け入れつつも、富の配分において看過しえない格差が生じている点を明快に指摘した。彼は、貧困国が自由貿易を行えば不平等は縮小するという「ストルパー＝サミュエルソンの定理」は成り立たない、それどころか、より深刻な不平等を生み出していることを鋭く指摘した。貿易自由化後の途上国において、高技術労働者に比べ低技術者の賃金上昇率が低調にとどまり、不平等が拡大したことを突き止めたのである。加えて、バナジーは、妻エステル・デュフロ（Esther Duflo：1972‐　）の共同研究者であるペティア・トパロヴァ（Petia Topalova）の研究にもふれている。トパロヴァは、インドにおいて貿易自由化の影響を強く受けた地域ほど、貧困率の低下が明らかに遅いことをみごとに実証した。ところが、彼女の論文は調査手法こそ正しいが結論は間違いだと酷評されたうえ、一流の経済ジャーナルから門前払いをされた。バナジーはそのエピソードも披露している。自由貿易が貧困問題を解決するという自由貿易神話の強大さをこれほど雄弁に物語る例もそうはない。

さらに、バナジーは、自由貿易を正当化する根拠となってきた経済成長についても、「成長信仰については経済学者にかなりの責任があるといわねばならない。経済学の理論からしても、またデータを見ても、一人当たりＧＤＰの最大化がつねに望ましいという証拠はどこにも存在しないのである(14)」と、経済学者の責任について言及し、さらに次のように語っている。「いまはもう経済学者は成長に取り憑かれるのをやめるべきではないだろうか。少なくとも富裕国で答を探すべき問いは、どうすればもっと成長しもっと富裕になるかということではなくて、どうすれば平均的な市民の生活の質を向上できるか、ということではないだろうか。そのほうがずっと有益である(15)」。

■生態系の生む富へのまなざし

バナジーの経済学を途上国における貧困からのアプローチとすれば、経済の軸足を生態系に置こうとするアプローチとして、ダスグプタ（Sarathi Partha Dasgupta：1942-　）による『生物多様性経済学──ダスグプタレビュー』[16]が、二〇二一年春に刊行された。同レビューには、新古典派経済学への批判的考察が髄所に見られる。なかでも、人間の経済が自然の中に包摂されているゆえ、人間の経済は自然の能力を超えて成長しえない、という考えを明瞭に示した点は大きい。ダスグプタは、人的資本、人工資本、そして自然環境を自然資本として位置づけ、それらの相互関係から生み出される富（包括的富）を論じることこそ重要だと説いている。

また『ダスグプタレビュー』で、彼もまた自由貿易の弊害について批判を展開している。その際、彼があげたのは次のような例である。

政府から木材伐採権を与えられた伐採業者がおり、彼らは下流域で農業を営む人が被る鉄砲水や土壌の浸食による被害はもとより、野生動物の住処の破壊や病虫害の発生などはおかまいなしに、森林を伐採し木材として輸出する。下流の農民が被る被害はもちろん、林業会社に伐採された森林周辺に暮らす住民にさえ、損害補償がなされないまま、当該林業会社は輸出による利益を得ている。ダスグプタは、損害費用を負担しないで利益を上げる木材業者がけしからん、とだけいっているのではない。輸出国の自然と人々に多大な犠牲を与えておきながら、だれもその損害費用を支払わない。それによって安価に木材が取引されるような貿易は、「輸出国から輸入国への富の移動を意味する。皮肉にも、輸出国のきわめて貧しい人々の一部は、おそらくは富裕国である平均的な輸入国の所得を補助している」にすぎないというのである。これに続けて彼は「これが正しいはずがない[17]」と、自由貿易の非正義を強く批判している。

ダスグプタの鋭さは、これに続く考察の展開にある。つまり、富める一次産品輸入国の人たちの消費マインドの変化がさらに貧しい国の生態系を浪費し、破壊することにつながる危険を次のように明瞭に指摘している点にある。

「自由貿易への賞賛には、ほとんど見られない注目すべき点がある。低所得国は一次産品（コーヒー、茶、砂糖、木材、繊維、パーム油、鉱物）の輸出に大きく依存しているため、低所得の輸出国から輸入国へ、富の隠れた移動が行われる。輸入国が裕福であれば、この富の移動は格差を拡大させることにしかならない。…〔中略〕…この例には、一般的なメッセージがある。基本財をはるかに離れた外国からの輸入に依存する現代の消費パターンでは、財の価格が本来よりも安く付けられがちである。基本財は、この例のように、生産地でも安い価格が付けられている。最終製品が割安になると、人々は必要以上に消費するだけではなく、生態学的に悪い影響をもたらすモノを消費するインセンティブを持つことになる。さらに、研究開発費は、一次産品を存分につかった新製品や新技術に向けられる。こうして、生物圏への負担はさらに高まる(18)」。

以上のように、バナジーもダスグプタも主流派経済学に軸足を置きつつ、経済学が自明であると信じこんできた自由貿易の利や経済成長による不平等の改善に対し、強い批判だけでなく、処方箋も提示しはじめている。彼らは、環境問題を喫緊の問題としてとらえており、市場だけでなくコモンズの役割について積極的に議論を展開していることも、経済学における変化の兆しとして、ここで付言しておきたい。

●読者への問い：
市場経済は、森林をはじめ環境の劣化や破壊に力を貸してきたことはたしかだが、逆に環境をまもったり、ゆたかにするように機能させるには、どのようなことが必要になると思うか？　自由に考え議論してみよう。

注

（1）金森久雄・荒憲治郎・森口親司ほか編『経済辞典 新版』（有斐閣、初版一九七一年、新版一九九三年）、筆者が参照したのは新版第11刷、一七一頁。

（2）宇沢弘文『社会的共通資本』（岩波新書、二〇〇〇年）や室田武『エネルギーとエントロピーの経済学』（東洋経済新報社、一九七九年）の第7章第4節「無料であることの効用」を参照されたい。

（3）外部性がない場合と比べ、外部性の存在する市場均衡においては、生産者余剰と消費者余剰を足し合わせた総余剰は減少する。その減少分の余剰は死荷重とよばれる。外部性が存在しない市場均衡に比べ、外部性のある市場均衡においては、死荷重の分だけ非効率になる。

（4）コースの定理のキーワードは、個人間交渉と損害賠償請求権の決定である。たとえば、汚染加害者と汚染被害者が話し合いを通じて、損害賠償請求権が設定できれば、効率的に解決されるという考えである。理論上、加害者が被害者に対して賠償金を支払っても、被害者が加害者に対して、操業短縮・停止にともなう加害者側の経済損失を補償する保証金を払っても、効率性という観点では両者に差異はない。

（5）ドイツ生まれで、米国で活躍した経済学者のウィリアム・カップ（K. William Kapp：1910-76）は、そもそも、外部不経済にともなう損失は、費用概念では捕捉できない損失があるゆえ、全体像は明示されないことを指摘した。

そのうえで、実際の損失に比べてはるかに少なく明示された費用でさえ負担されない（考慮されざる費用）ことが前提とされる資本主義経済体制を批判した。

（6）ハンガリーで生まれ、米国に亡命し、*The Entropy Law and the Economic Process*（Harvard University Press, 1971：『エントロピー法則と経済過程』みすず書房、一九九三年）などを著したニコラス・ジョージェスク・レーゲン（Nicholas Georgescu-Roegen：1906-1994）、英国で生まれ米国で活躍したケネス・ボールディング（Kenneth Ewart Boulding：1910-1993）、ほぼ同時代に日本においては、生命系の経済学を提唱した玉野井芳郎（1918-1985）、エントロピー経済学や水土の経済学を提唱した槌田敦（1933- ）や室田武（1943-2019）らは、一様に、エントロピー法則の経済学への導入をはかり、経済社会における熱物理学的な制約を示した。エントロピー概念については、物学者の槌田敦『資源物理学教室』（ＮＨＫブックス、一九八四年）。エントロピー経済学ないしはエコロジー経済学における手引き書として、経済学者の室田武『水土の経済学』（福武文庫、一九九一年）をあげておく。

（7）小野塚知二『経済史―いまを知り、未来を生きるために』有斐閣、二〇一八年。

（8）リカードは「水と空気は大いに有用なものであり、また実際生存上欠くべからざるものではあるが、特別の事業があれば格段、普通の場合には、それと交換に何物も得られない」と述べ、さらに「欲望の対象となる財の遥かに最も大きな部分は労働により獲得されるものであつて、それは独り或る一国でなく、また多くの国々において、もし吾々がそれを得るのに必要な労働を投ずる気があれば、殆ど無際限に増しうる」（竹内謙二訳、千倉書房、一九八一年、一一-一三頁）と論じている。

（9）三俣延子「産業革命期イングランドにおけるナイトソイルの環境経済史――英国農業調査会『農業にかんする一般調査報告書』にみる都市廃棄物のリサイクル」『社会経済史学』第七六巻第二号、二〇一〇年、二四七-二六九頁。

（10）スミス、リカード、ミルらが、どのように自然をとらえたかについて理解するには、中村修の労作『なぜ経済学は自然を無限ととらえたか』（日本経済評論社、一九九五年）が有用である。

（11）リカード前掲書、一三二頁。

（12）エコロジー経済学を牽引してきたハーマン・デイリー（1938-　）は、自由貿易によって発生する費用（損失）を包括的に示した。それらの費用とは、（A）輸送コスト、（B）対外依存度が増すことによる費用や弊害（①地域が独自の生活様式を決定する自治能力や決定権の弱体化。②ひとたび特化が進むと「貿易しない自由」が剥奪され、基本的物資の自給率低下は厳しい外交交渉で弱い立場に追い込まれる）、（C）環境（労働）基準を低下させるという費用の外部化競争が進むこと、などをあげている。詳しくは、『持続可能な発展の経済学』（新田功ほか訳、みすず書房、二〇〇五年）を参照。

（13）Keynes, J. M., *Activities 1931-1939: World Crises and Policies in Britain and America, The Collected Writings of John Maynard Keynes,* Vol. 21, edited by D. Moggridge, Macmillan, 1982. 主流派経済学を批判するかたちでの展開は、エントロピー経済学やエコロジー経済学の分野で散見される（第9章参照）。

（14）アビジット・V・バナジー、エステル・デュフロ『絶望を希望に変える経済学――社会の重大問題をどう解決するか』村井章子訳、日本経済新聞出版、二〇二〇年、三二六-三二七頁。

（15）同右、二四三頁。

（16）パーサ・ダスグプタ『生物多様性経済学――ダスグプタレビュー』（*The Economics of Biodiversity: The Dasgupta Review*, 2021）。日本語訳も出ているので参照のこと（監訳者：和田喜彦、山口臨太郎、協力者：三俣学）。https://www.wwf.or.jp/activities/data/20210630biodiversity01.pdf

（17）同右、六〇頁。

（18）同右、六〇頁。

第4章 森林をめぐる学問の歩み

——森林学のまなざし

1 林学の誕生と森林学

■林学の誕生

森林、あるいは森林を基盤として成り立つ生業、つまり林業を対象に研究する学問は、ながらく「林学（forestry）」とよばれてきた。「林学」の源流をたどると、一八世紀のドイツになるというのが通説である。ドイツで生まれた「林学」はフランスなどヨーロッパ各地に伝わり、それらの国々を経由して、あるいは直接ドイツから、ヨーロッパ以外の国々にもたらされることになった(1)。日本には、明治維新後にドイツから直接、「林学」が導入された。その後、米国からの影響もあったりしたが、ドイツ林学が日本における森林を扱う学問の基礎を築いてきたといってよい。

林学が誕生した背景には、発展する経済社会が多くの木材を需要し、森林からの木材の供給が危ぶまれるようになっていた事情がある。つまり、「林学」は森林からの木材の供給を確実なものとしたいという社会的な要請に、なんらかの解をもたらすものとして生まれてきた。ここですでに、林学の実学としての性格が決定づけられたといってよいだろう。

このような背景を持つ実学としての林学は、当初から、ある重要な基本原則を掲げることになった。それは、「保続原則」といわれるもので、いまふうにいえば、持続可能性の原則ということになるだろう。より具体的には、森林から木材生産が持続的になされるべきであるという原則であった。いまでこそ当然のこととして受け入れられている持続可能性の概念を、三〇〇年も前に提示していたことは、しばしば林学の誇りとして語られている。

■森林学への脱皮

注意深い人は気づいただろうが、林学が誕生した当初に意味していた持続可能性は、いま森林に関して観念される持続可能性とはニュアンスが異なる。当初は、持続可能であるのは木材生産であって、それ以外の点における持続可能性、たとえば森林生態系としての持続可能性などは考慮されていないのである。

森林は、木材となる樹木以外にも多様な生物が同居する場であるし、私たちにとっての恵みも木材に限られるわけではない。ときには脅威にもなりうる（第1章）。林学は発展するにしたがって、森林の構成員である動植物を広く扱うように、また、木材以外の恵み、あるいは脅威も考慮の対象とするようになった。さらに、森林に関するより本源的な理解を志向する、いわば基礎学としての性格も強まるようになった(2)。

ごく簡単にいえば、林業に関する学問から、森林全般に関する学問へと発展してきたのである。こうした変化を受けて、日本では、二〇〇五年に日本林学会から日本森林学会へと名称変更があり、現在は「森林学」を掲げるに至っている(3)。

■科学的態度と技術者養成

林学／森林学が強く志向してきたのは、科学的であるということである。たとえば、木材となる樹木が育つ、あるいはそのほかの生物が生育する法則を見きわめ、それを木材生産あるいは森林管理の場に応用する、というような態度である。森林経営者、あるいは森林管理者の主観的な判断によるのではなく、客観的な根拠を持って森林を扱うべきである、という態度ともいえる。

こうして林学／森林学は、科学的に森林をとらえ、扱う人材を世に輩出してきた。つまり、この学問およびこれを扱う教育機関は、森林を取り扱う「技術者」を養成するための社会的装置という性格も併せ持っている。そして、技術者の輩出を通じて、科学的な森林の取り扱いを各地に導入し、国における森林・林業政策の基層を形作ってきた(4)。

このように書くと、林学／森林学の知見が現実の森林の取り扱いに如実に反映されているように思われるかもしれないが、それほどことは単純ではない。どの学問にも事情は通じるだろうが、学問の世界においては、じつに多様な考え方や方法論が存在する。いわば、ブレがある。まさに、そのブレこそが学問が自由であることの証左であり、また自由であることは、学問の根源的な存在価値のひとつである。一方、学問の世界で提唱されていることのうち、どれが実社会に適用されるかは、社会経済情勢や政策担当者の価値観、国民一般の世論など、さまざまな事情によって決まってくるものである。

学問としての林学／森林学がどのように実社会に反映されてきたかは、まだ明らかになっていない部分が多く、筆者もこれにふれる能力はない。本章では、われわれの社会が森林に対峙するうえでの土台、少なくとも政策的な面での土台を形成してきた林学／森林学による森林の見方、つまり森林を理解する技法について紹介することにしよう。

■森林を理解する技法

繰り返すが、森林は樹木を中心として多種多様な生物から構成される生態系である。さらに、それら生物が暮らす時間軸、つまり生活史は互いに大きく異なる。とくに、森林の主要な構成員である樹木は長い時間軸を持ち、森林生態系の土台となっている土壌は、さらに長い時間軸で形成されるものである。すなわち森林とは、空間的・時間的にきわめて複雑な存在であり、人間の時間軸ではとらえにくい存在でもある。このように、その実態をとらえることがきわめて困難な森林を理解するために、林学／

森林学はどのようなアプローチをしてきたのだろうか。

あえて二分化すれば、そのひとつは、森林を単純化してとらえ、それをもとに体系化した管理技術を築こうとするアプローチであり、もうひとつは、複雑なものとして理解し、複雑な系として管理する方策を探ろうとするアプローチである。前者は、林学の誕生当初から長くとられているアプローチであり、後者はやや遅れて生まれ、現在ではむしろ主流となってきている。

2　森林をシンプルにとらえ、体系的に管理する技法

■森林を把握・評価する

森林を科学的にとらえようとするとき、その第一歩となるのは、「測る」という行為だろう。森林を測ろうとするとき、とらえる項目、あるいは測り方はいくらでも設定しうるが、まずは、多くの人々の（社会の）関心に応える項目を、なるべく簡便な方法でとらえることを目指すのが、妥当だろう。そうした初歩的なとらえ方として、いまもなお使われ続けている強力な指標が、森林がどれだけの広がりをもっているのかという指標（面積）と、森林がどれだけの木材を有しているのかという指標（蓄積）である。

森林の面積は、森林が成立している土地の面積ということであり、それをとらえるとはどういうことか、とくに説明は要しないだろう。(5) 森林の面積を表す単位は、国・地域によって違いもあるが、国際的

にはメートル法（ＳＩ：国際単位系）に準じており、多くの場合、ヘクタール（hectare：ha, 1ha ＝100m×100m ＝10000m^2）を使うことになっている。

森林の蓄積は、森林内の木材の体積を積算したものである。このとき、積算対象となるのは、対象となる森林を構成する樹木の幹の部分の木材（幹材積）である。こうした対象の絞り方を見ると、森林から木材がどれだけ収穫できるのかに、大きな関心が払われてきたことを知ることができるだろう。

では、幹材積を、森林に樹木が生えている状態でどのように測ればいいのだろうか。このために長く採用されてきたのは、森林内で人間が測ることのできる樹木の大きさである樹木の「太さ」と「高さ」から近似的に推定する方法であった(6)。樹木の太さは、人間の胸くらいの高さの直径（胸高直径という、日本ではおおむね地上一・二mが採用されている）を測ることになっている。樹木の高さ（樹高）は、三角測量の原理で求められる。樹木からある程度離れた位置から、測る樹木の先端を見通して、樹木との距離、先端を見上げたときの角度から計算して樹高が算出されるが、これを現場で簡単にできる計測機器がある。

あらかじめ、切り倒した樹木の幹材積を測り、それと胸高直径と樹高との関係を明らかにしておけば、胸高直径ａ、樹高ｂのとき、幹材積はｃくらいになる、という推定ができる。地域ごと、樹種ごとにこうした換算表（幹材積表）が作られている。森林に行って胸高直径と樹高を測ってくれば、その数値を幹材積表に突き合わせることによって、樹木一本一本の幹材積を推定できる(7)。そしてこれらを合算すれば、ある一定の広さの森林の蓄積を求めることができる（図４‐１）。

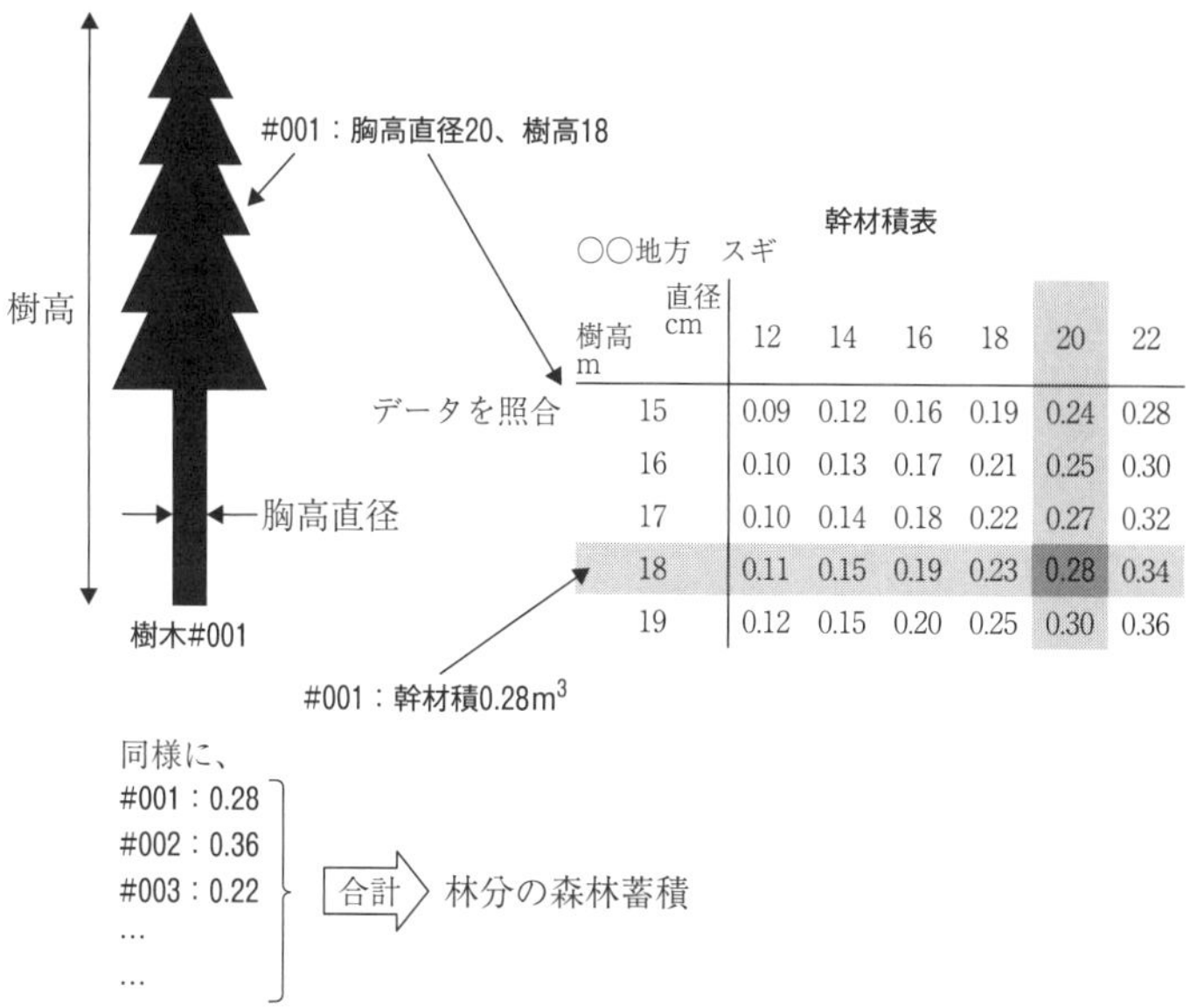

幹材積表

○○地方　スギ

樹高 m ＼ 直径 cm	12	14	16	18	20	22
15	0.09	0.12	0.16	0.19	0.24	0.28
16	0.10	0.13	0.17	0.21	0.25	0.30
17	0.10	0.14	0.18	0.22	0.27	0.32
18	0.11	0.15	0.19	0.23	0.28	0.34
19	0.12	0.15	0.20	0.25	0.30	0.36

図4－1　森林蓄積を求めるしくみ

蓄積も国際的にはメートル法に準拠しており、その単位には立方メートル（m^3：日本の林業・森林分野では「りゅうべい」と読むのが通例）が使われる。「m^3」は、森林の物量を示すうえで最も基本的な単位であり、経済の量的単位である通貨単位（円やドルなど）に相当するようなものである。

また、森林の蓄積を評価する場合、通常、面積当たりの蓄積（m^3／ha）が指標として用いられる。多くの場合、この値が高いほど、価値の高い森林であるとみなされる。たとえば、薪炭林であれば、二〇〇m^3／ha前後であるが、五〇年以上かけて育てた針葉樹人工林では、五〇〇m^3／haを超えることはめずらしくない。

森林の面積と蓄積は、森林を把握するうえで最も古くからある、最も基本的な物量である。とくに、蓄積をとらえることの有用性は、木材生産を考える場合にとどまらない。二酸化炭素の吸収量や、炭素の貯蔵量を推し量ることに応用することもできる。(8)

■森林を育て、管理する

次に、科学的に森林資源を再生産する技術について紹介しよう。すでに述べたように、林学が誕生した当初から、森林資源を確実に再生産すること、つまり持続可能性をはかることは、大原則であった。

森林資源を持続的に再生産することは、その更新性（第1章）を確保するということに尽きる。人間が森林資源（とくに木材）を収穫しながら森林の更新をはかる方法は、大きく分けて天然更新と人工更新がある。天然更新は、自然の森の再生力、つまり種子からの発芽や、切り株からの萌芽による更新に委ねる手法である。とくに、種子による更新を期待する場合には、更新を望む樹種の種が十分に、かつ更新したい箇所に供給されるようにするには、地形や時期、残す木（母樹）の位置などさまざまな要素を考慮しなければならない。

人工更新は、人間が直接的に次世代の樹木を導入することによって、森林を更新する方法である。播種によって更新をはかることもできるが、確実な更新のため苗木の植え付けによる場合がもっぱら想定される。(9)苗木を植え付けることによって、天然更新のように複雑な要素を勘案することなく、より確実に、望む樹種を望む場所に生育させることができる。このように人工更新によって作られた森林を、人工林(10)といっている。

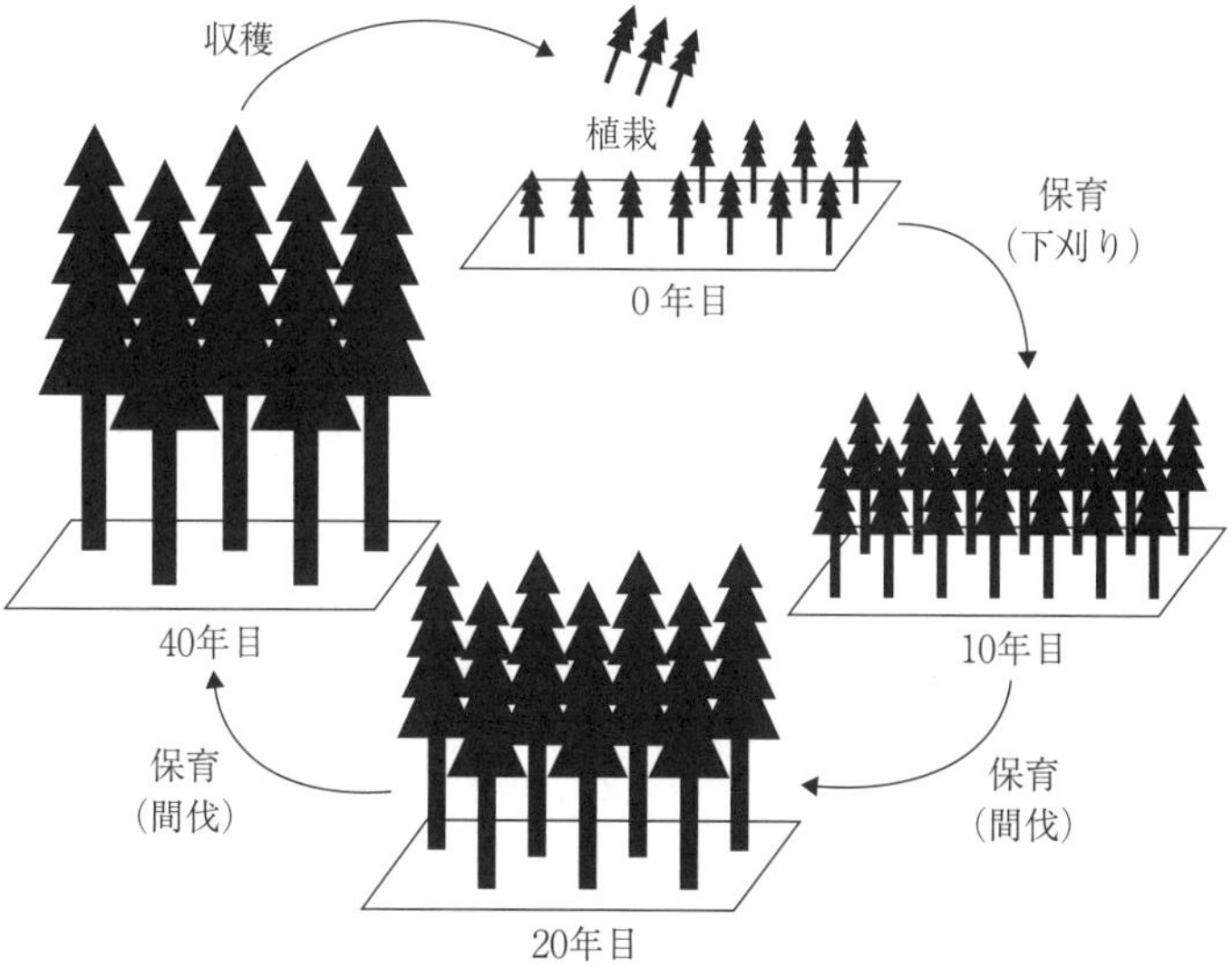

図4－2　区画輪伐法による森林の取り扱いのイメージ

森林の更新に確実に成功したとして、木材が収穫できるまでには少なくとも数十年を必要とする。長年にわたって持続的に木材の収穫を維持しようとするなら、こうした長期的な育成期間を考慮しなければならない。

この課題に対して、最も古く、そして最も基本的な方法として受け入れられてきたのが、「区画輪伐法」とよばれるものである。ある一定の広さで、植えたばかりの若い林から、収穫ができるようになった成熟した森林まで用意すれば、毎年一定の収穫（と更新）を継続できるようになる、きわめてシンプルな森林の取り扱い方である（図4-2）。この考え方は、かならずしも林学／森林学に特有のものではなく、日本でも江戸時代に「番山《ばんやま》」「番繰山《ばんぐりやま》」などとして、森林を一定の区画に区切って順番に収穫する方法は広く行われていた。

写真4－1　水田の稲のように整然と植栽される苗木
適正とされる植栽本数をまもるためにも、こうした画一的な植栽方法がとられている。

区画輪伐法は、基本的に一定の面積の樹木をすべて収穫（皆伐）し、そこで主に人工更新によって一斉に更新させることを想定している。こうしてできる森林の区画一つひとつ（林分）は、樹種も樹齢も同一の、自然にはなかなか成立しにくい森林である。こうした森林を一斉林や単層林という。

一斉林の育成と収穫を繰り返すことを考えると、一周するのに何年を要するかがわかっていなければ、持続的な木材生産が危ぶまれる。この輪伐の一周に要する年数は目標とする収穫までの年数として考えられ、この期間を「伐期」とよんでいる。伐期は、最終的に皆伐する際にどのような木材を生産したいのかによって、ある意味で恣意的に設定せざるを得ない[11]。たとえば、燃料生産のためにせいぜい二〇年程度の伐期（短伐期）を設定することもできるし、断面積の大きい柱や板を取るために一〇〇年以上の伐期（長伐期）を設定することもできる。いずれにしても、植林したばかりの林分から伐期に達する林分までバランスよく存在していれば、一定のペースで持続的に収穫をあげ続けることができる、というわけである。ただし、これはあくまでも理想論である。

このように一斉林を単位とした各種林齢の森林があれば、毎年の収入と支出も見通しやすくなり、森林の経営という点でも利点がある。複雑な要素が絡み、さらに長期にわたる森林の取り扱いも、こうした単純化した技法を用いれば、少なくとも机上では予測可能性が高くなり、計画が立てやすい、つまり、持続可能な木材生産を約束しやすい、ということになる。こうしたメリットにより、区画輪伐法は、多くの国や地域で最もポピュラーな木材生産の技法として実行に移されており、日本もまたその例外ではない（写真4－1）。

3　森林を複雑な系としてとらえ、管理する技法

■生態系としての森林

これまで見た森林のとらえ方は、木材生産の側面に特化（単純化）したものである。ところが、森林は、木材生産の対象となる樹木だけではなく、多くの生物が同居し関係し合う空間であり、人間にもたらす恩恵も木材に限られるものではないし、ときには脅威となるものでもある。こうした森林をめぐる

複雑な関係性を前提として理解し、そのうえで森林の管理の仕方もまた模索されてきた。

はやくは、一九世紀後半以降のドイツ林学において、森林における各種生物の有機的な関係性、いまでいうところの森林生態系を健全に保持することで、木材生産をはじめとした森林の各種効用を実現することを提唱する学者が現れた。日本では、京都大学の四手井綱英が造林の基礎は生態学であるとして、一九五〇年代に担当した講座の名称を造林学から森林生態学に変え、森林生態系の基礎研究を重視するようになった(12)。

森林生態系を理解しようとすると、その研究対象は、森林生物の生活史、生物間の相互関係、生物多様性、物質循環など、じつにさまざまなものとなる。この数十年、研究分野の細分化をともないながら、森林生態系の実像が詳細にわかってきた(13)。森林を生態系として理解しようとする態度は、林学／森林学の中にすっかり根づいているし、この分野の基礎になっているといってよい。

■森林の多義性への着目

森林の人間への恩恵に関しても、木材生産のみに着目することは単純にすぎる。もちろん、林学の初期段階においても、木材生産以外の多様な機能は認識されていた。しかし、それらに着目した研究は、土砂流出防止機能や水源涵養機能に関するものを除いては、遅れて発展してきた。その理由は想像するしかないが、社会的要請がさほど強くなかったこと、木材生産以外の機能を把握したり評価したりすることのむずかしさがあったことにあるように思われる。

日本社会において、木材生産以外の機能について関心が高まったのは、高度経済成長期後期以降のことである。行き過ぎた開発や公害の反省から環境保護の考えが広く浸透し、また余暇の増大にともないレクリエーションの場としての需要が高まり、木材市場における輸入木材の優位性から林業（木材生産）の不振が唱えられるような時代の変化があった。このような背景から、森林の「公益的機能」や「多面的機能」がいわれるようになった。

いずれの言葉も、それまでの森林のとらえ方からの転換を強く意識したものである。とくに、公益的機能は、木材などの物質生産の機能を除いて、土砂災害防止や水源涵養、生物多様性保全、環境調整、保健・レクリエーション、文化形成などの機能を包括する概念である。換言すれば、森林環境の持つ外部性をとらえた用語である。多面的機能は、公益的機能に、木材など物質を生産する機能を加えた、森林生態系が持ちうる機能全般をとらえようとする概念である。

これらの森林が持つさまざまな機能に大きな関心が集まったとはいえ、やはりそれを学問の対象としてとらえる困難はなかなか克服できない。日本学術会議は、森林の多面的機能について定量的な評価を試みた結果を報告した(14)。生物多様性保全や文化形成に関わる機能などは、そもそも定量化不能であるとし、また、定量化可能なものも利用可能なデータが不足しているという留保条件を示しつつも、日本の森林が持つ多面的機能を金額換算すると、およそ七〇兆円にのぼると試算した。このうち、木材などの物質生産機能が占める割合、つまり一般に市場取引される価値の大きさはごく一部で、ほぼすべてが公益的機能に相当するものであった。

供給サービス	調整サービス	文化的サービス
木材・繊維	気候調整	芸術の源泉
燃料	洪水制御	精神の安寧
山菜・きのこ	水源涵養	教育活動
薬草	大気浄化	レクリエーション
その他	その他	その他

基盤サービス			
栄養塩の循環	土壌形成	一次産業	その他

図4－3　森林における生態系サービスの例

資料：中村（2021）を参考に筆者作成。

森林に限らず、自然環境がもたらす経済的な恩恵以外への関心は、ほぼ同時期に国際的にも高まっていた。二〇〇一〜〇五年に実施された国連によるミレニアム生態系評価では、生態系が人間社会にもたらす恩恵を包括する概念として「生態系サービス（ecosystem services）」を提示した。これによれば、生態系サービスは、「供給サービス」、「調整サービス」、「文化的サービス」、「基盤サービス」の四部門からなる（図4-3）[15]。これによっても、旧来の林学が集中的に解明し、応用をはかってきた部分は、供給サービスの一部分にすぎないことが確認される。また、供給サービス以外の三部門は、自然環境の外部性ととらえることができる。生態系サービスの概念が提示されて以降、日本における多面的機能の評価のように、各種のサービス内容を定量的に評価しようとする試みが活発に行われてきた。

■複雑な系として管理する

森林を生態系としてとらえ、多岐にわたる恩恵を持続的に得ようとすれば、複雑な系として森林を取り扱わねばならない。

近年、世界各地で、複雑な系として森林を取り扱おうとする理念が提唱され、また、実践に移されてきている。ドイツでは、近自然型林業への移行が明確にされ、森林生態系に備わる営みを基礎にし、人は補助的に手を加えることによって森林生態系をまもり、多様な価値を引き出すような林業のあり方が目指されている[16]。アメリカでは、エコシステム・マネジメント（ecosystem management）が提唱され、生態学的知見を基礎においた管理のあり方が実行に移されている[17]。

これらの管理において共通しているのは、地域ごとの森林生態系のあり方に寄り添おうとする姿勢である。区画輪伐法のように定式化された管理方法を現場に持ち込むのではなく、現場での観察から管理方法を修正しながら適用していくのである。別な言い方をすれば、マニュアルにしたがって森林に手を加えるのではなく、手の加え方を現場からフィードバックして柔軟に変化させていくやり方である。このような管理のあり方は、順応的管理もしくは適応的管理（adoptive management）といわれるが、これは、管理の実務というよりは、管理のためのプロセスを重視したものといえるだろう。

さらに、考慮しなければいけない問題がある。それは、森林の多様な恩恵の受け手がまた、多様な人間であるという事実である。つまり、誰が誰のために森林をどのように管理するのか、という問題を考えることになり、さらに問題は複雑化する。社会的ニーズの時代変化も考え合わせると、さらに輪をかけて複雑になる。

ともすると絶望的になってしまうが、マニュアルに頼らず、現状に柔軟に対応していくというプロセス自体は、「人」の要素を入れても成り立ちうるものである。つまり、森林生態系を管理するプロセスの中に、利害関係者（stake holder）が適切に関与して、生態系の持続性と変化する人間社会の需要とのバランスを調整するような管理の仕方はありうる道だろう。このようなプロセスは、順応的ガバナンス（adoptive governance）とよばれる[18]。

複雑な系として、そしてそれを取り巻く人間社会を視野に入れて森林を管理していこうとするならば、事前に答えは用意されない。確実にあるのは、いわば森林と人間の対話のプロセスであり、人間と人間の対話のプロセスである。こうしたプロセスの中で、学術的知見がどのような役割を果たすのか、いままさに模索されているといってよい。

■社会の一員としての森林学

どのような学術知見が実社会に反映されるかは、そのときの社会次第であるという事情は今後も変わらないであろう。しかしそのとき、社会の一員としての私たち一人ひとりの考え方は無関係ではない。むしろ、近代化の過程で歪みを抱えた森林と社会の関係を結び直すには、私たち一人ひとりが森について知識を得て行動に移すことが重要になる（第Ⅳ部）。本章で紹介した森の見方は、林学／森林学で典型的に見られる例のいくつかにすぎないし、あまりに両極端な紹介の仕方であったかもしれない。しかし、読者なりに森林をとらえる端緒となり、今後広く知識を吸収し、複数の見方を組み合わせるなどして、森林社会の一員に加わることになれば幸いである。

●読者への問い：
将来にわたって持続的に、そして、なるべく多くの人々に恩恵が行き渡るように森林の取り扱いを計画せよ、といわれたら、あなたならどのような森林の取り扱い方を考えるだろうか。また、自分が考えた方法について、どのような点に計画しきれない不確実性があるのかを考えてみよう。

注

(1) 例をあげれば、フランスを経由して新大陸に、イギリスを経由してインドに、林学が導入されていった。水野祥子『イギリス帝国からみる環境史』（岩波書店、二〇〇六年）、熊崎実「アメリカにおけるドイツ林業・林学の導入とその後の展開」（『山林』第一六四二号、二〇二一年、一七‐二五頁）を参照。

(2) ただし、こうした視野の広がり、転換には、環境保全を重視するようになった社会情勢が少なからず関わっていることから、社会の要請に応えるという点で実学としての性格を強く持ち続けているともいえる。

(3) 田中浩「森林学とは」『森林学の百科事典』丸善出版、二〇二一年、四‐七頁。

(4) 林学を学んだ林業技術者が、日本の森林行政にどのような影響をもたらしてきたかは、山本伸幸による『山林』誌への連載「森林テクノクラートとその時代(1)～(6)」（『山林』第一五八六‐一五九一号、二〇一六年）を参照。

(5) 森林面積を求めるうえでむずかしい点があるとすれば、どこからが森林でどこからが森林でないのか、判然としない場合であろう。第1章でふれたように森林の定義は、一様にすることはできないが、FAO（国連食糧農業機関）では、樹高五m以上の樹木が広げる枝葉の面積が、それらが生育する土地面積の一〇％を超える、などと一定の明確な指標が与えられている。

(6) 現在は、人間が直接樹木のサイズを測るのではなく、森林内の樹木をスキャニングして、得られた三次元データをもとにコンピュータで分析し、より正確に算出する方法が普及しつつある。

(7) 便利な計測機械があるとはいえ、森林内で樹高を測ることは、胸高直径を測るのに比べて非常に時間がかかる。

したがって、代表的なものの樹高だけ現場で測り、胸高直径と樹高の関係を式で表し、そこに実測した胸高直径をあてがうことによってすべての樹高を推定したうえで、幹材積を推定する手法をとることも多い。

(8) 生物体の物量をバイオマス（biomass：乾燥重量で示される）というが、樹木のバイオマスは、幹の部分だけでは、過小評価となる。枝、葉、根も含めて考えると、樹木全体のバイオマスは幹の部分の二倍前後となることがわかっており、こうした知見にもとづいて森林の炭素貯蔵量が推定されている。

(9) 苗木の植え込みを行っても、日本では、ササに覆われたり、大雪によって倒伏され続けたり、動物による食害を受けたりすることによって、確実な更新に失敗した例（不成績造林地）も少なくない。

(10) 人工林という表現は日本に特有のものなので、注意が必要である。同様の概念を英語でいうならば、plantation あるいは planted forest とするのが妥当である。

(11) 伐期の設定に関して、科学的な根拠を与えたものとして、「標準伐期」がある。たとえば、ある林分の年間成長量（m^3／ha／年）が最大になる林齢が標準伐期とされることが多い。地域や樹種によって異なるが、たとえば、スギであれば四〇年ほどで設定される。

(12) 四手井綱英『森林はモリやハヤシではない――私の森林論』（ナカニシヤ出版、二〇〇六年）を参照。

(13) 森林生態系に関する科学的知見について、この紙幅で適切に紹介する能力を筆者は有しない。さしあたっては、石井弘明ほか編『森林生態学』（朝倉書店、二〇一九年）を参照。

(14) 日本学術会議『地球環境・人間生活にかかわる農業及び森林の多面的な機能の評価について（答申）』（二〇〇一年）を参照。

(15) 中村太士「生態系サービス」日本森林学会編『森林学の百科事典』丸善出版、二〇二一年、八-一一頁。

(16) ゼバスティアン・ハイン、バスティアン・カイザー「ドイツにおける近自然型・持続可能な林業」(『山林』第一五五一号、一六-二五頁）を参照。

(17) 柿澤宏昭『エコシステムマネジメント』（築地書館、二〇〇〇年）を参照。

(18) 宮内泰介編『どうすれば環境保全はうまくいくのか』（新泉社、二〇一七年）を参照。

第Ⅲ部

日本の森がたどった近代

同齢の樹木が整然と並ぶスギの一斉林

第5章 日本の林業・木材加工の技術史

1 「林業」という言葉をめぐって

みなさんは、「林業」とはなにか、と問われたとき、どのように答えるだろうか？　おそらく、木を植え、育て、木材を収穫する仕事、と答える人が多いのではないだろうか。もちろん、その答えは間違いではない。実際に、「林業」という言葉は、ほとんどの場合、木材を生産する生業あるいは産業という意味に限定して使われている。

もし、文字通り解するなら、「林業」とは林（森林）から人間にとって価値を持つ財を引き出す営為である、ということになる。第1章で森の資源について見たように、森を構成する生き物のうち、私たちが価値を認めるものは、木材以外にもたくさんある。山菜やキノコなど食用となるもの、つる植物やウルシ樹液など工芸品の材料となるもの、薬用となる植物など、じつにさまざまである。本来、こうした森のめぐみ一切合切を対象として、私たち人間社会の経済に取り入れる営みが「林業」である。

こうした意味合いで林業という言葉が使われることがないわけではない。しかし、先に述べたように、現実には木材を生産する仕事という意味で使われることが圧倒的に多い。こうした現状との違いを明確化するために、木材にかぎらず総合的に森林の価値を引き出そうとする生業として、「森林業」や「山業」などという言葉が提唱されることもある。

第1章で見たように、本書は、森林を構成するさまざまな生き物の存在、そしてそれらがもたらすさまざまな恵みを視野に入れるが、あえて林業やそれにかかわる言葉を定義し直そうというものではない。林業というとき、扱われるバイオマス量および経済規模ともに、木材生産が最も主要なものであることに疑いはない。以下では、この木材生産と利用に絞って、それに関わる技術の変遷をあとづけていこう。

2　樹木を育てる技術

■人工林と天然林

木材生産業としての林業が行われる舞台は、森林の中でも人工林とよばれる、人が樹木を植えて成立した森林である。これに対して、人が植えなくても、つまり自然に存在する種からの発芽や、株立ちによって樹木が生育することで成立した森林は天然林という。いわば、樹木が栽培されている場所が人工林ということになる。そして、人工林は、日本においては森林の四割を占めるに至っている。

植物を栽培する歴史は、むろん、農業に求められる。人類が農業をはじめて一万年といわれるが、林業のために「栽培」が行われたのは、せいぜい数百年程度と歴史は浅い。しかし、人間が木材を使う歴史はそれよりもはるかに古い。ということは、人間は長い間、「栽培」をともなわない林業をしてきたことになる。それは天然林において、樹木を伐採し、木材を切り出す林業であり、こうした林業のあり方は「採取林業」とよばれる。

採取林業は、その土地の植生に備わる再生産能力に依存する。天然林において樹木が伐採されたあと、そのまわりに若木が控えていたり、種や根株からの再生が十分にあったりすれば、次世代の樹木の利用が期待できる。しかし、人間の歴史において、採取林業はかならずしも持続的ではなかった。森林に備わる再生産能力（フロー）の範囲内で伐採が行われるならば、それは持続的であるが、人間の歴史においてしばしば行われたのは、ストックの切り崩しとなるような、つまり森林資源の劣化もしくは枯渇につながるような採取林業だった。

そしてこのことが、遅ればせながら林業において「栽培」の必要性を生んだと考えられる。農業が基本的に一年あるいは二年程度をサイクルとする育成・収穫行為であるのに対し、林業の場合は数十年にわたる。つまり、収穫に至るまでに人間の世代を超えるような投資が必要となり、収穫・収益の不確実

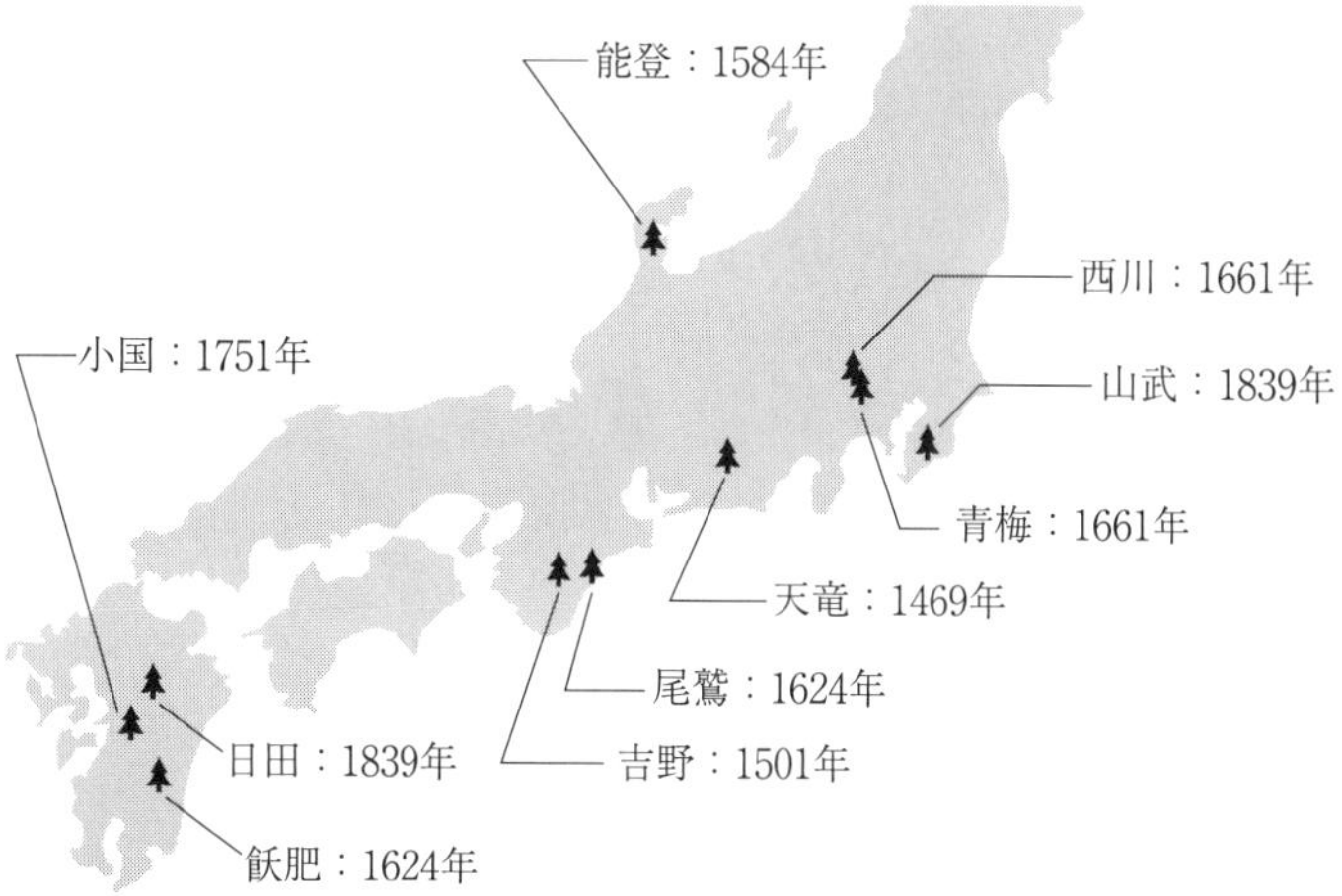

図５－１　主な林業地での造林開始年代
出典：山内（1949）より筆者作成。

性は高まる。このような投資への挑戦が生じるのは、木材の稀少性が極度に高まるとき、つまり人間の木材需要に対する採取林業の限界が露呈したときと考えるのが自然である。したがって、林業においては農業からはずいぶんと遅れることになったが、樹木を栽培する試みがなされるようになった。日本の場合は、この試みは、城郭建築が盛んとなった時代になって本格化するようになった(1)（図５－１）。

■木を植え、育てる技術

さて、採取林業に対して、樹木を植えて育てることによって木材資源を収穫しようとするものは「育成林業」とよばれる。育成林業は、歴史としては比較的浅いものであるが、いまや林業の代名詞といってもよい。育成林業においては、人間の需要の対象となる樹種を植えて、木材として使えるように育成するのが、基本的な営みとなる。

図５－２　一般的な人工林の育成過程

育成林業は、樹木を栽培し人工林を形成することで営まれる林業である。前述したように、この栽培行為はある意味で挑戦であるが、それがいま定着しているのは、一定の成果が得られる技術、つまり育林技術が獲得されているからにほかならない。本来、森林を構成する生き物が多様であること、森林の成立に長期間を要すること（第１章）を考えると、さまざまなやり方が存在しうる。しかし、現状は、同一樹種による一斉林を育成することが、日本でも、そして世界でも主流となっている。

同一樹種による一斉林とは、いわば林業におけるモノカルチャーである。その育林技術を素描すると次のようになる。通常、もとあった森林を皆伐し、地拵《ごしら》えという整地作業を行った後に、木材生産の対象となる樹木の苗を植え付ける。田畑の除草と同様に、招かれざる他の草木やつる植物の侵入は、下刈り、つる切り、除伐という作業によって排除される。こうして木材生産の目的となる同一樹種からなる、同一年齢による森林が形成される（図５-２）。

地域によって違いがあるが、日本の場合、木材生産のために選ばれてきた樹種はスギとヒノキが最も主要なものである。しかし、もともとスギもヒノキも天然での分布範囲は決して広いものではない。それなのに、いまや、日本の森林の三割近くをスギとヒノキの林が占めるに至っている。これらスギやヒノキの林のほぼすべてが人工林であり、木材生産を主目的に一斉林として育林されたものであるといってよい[2]。さらに、スギとヒノキ以外の樹木も含めると、人工林は日本の森林の四割、じつに一〇〇〇万ヘクタールにもなっている。そして、樹種を問わず、これら人工林のほぼすべてが一斉林なのである。

なぜ、このような育林技術がこれほど優勢となるのであろうか。それは、木材生産を目的とする育林の場合、経済性が重視されるためである。一斉林は、収穫時にすべての立木が収穫対象となる。つまり、皆伐が行われることになる。皆伐は、技術的にはいちばん容易で、効率的な生産、つまり投入コストに対して最も大きな生産が見込める方法なのである。また、収穫される樹種や太さが揃っていれば、規格の揃ったものがまとまって生産されることになり（＝規模の経済）、その点でも効率的であるということになる。

■一斉林を育てることの経済性

このモノカルチャー的な森林の育て方が、経済的に本当に有利かというと、かならずしもそうとは言い切れない。前述した育林過程をいま一度図5-2を見てみよう。樹木の苗を植栽した後には、下刈りやつる切り、除伐といったコストを投じる必要がある。そうしなければ、せっかく植栽しても、ひと夏に二メートル以上にも成長する草や、樹木に絡みついて日光を奪い、ときに絞め殺しをするようなつる植物に負けてしまうのである。たとえば、日本では、植栽後五～六年は下刈りが必要とされ、最初のうちは年二回の下刈りが必要とされる。

高温多湿の日本では、あらゆる植物の成長が旺盛であり、このことが一斉林を作るうえで無視できないコストとなっている。森林を作り育てる過程のコストを比較した研究によれば、日本は世界の中でダントツに高い育林コストが投じられている。(3) 日本における育林コストの高さは、つねに課題としてあり、機械による下刈りや特殊な除草剤の散布などが試みられているが、いまだ決め手となる技術は見出されていない。見方を変えれば、一斉林の育成という方法が日本の風土の特性に抗っているがゆえのコストともいえるだろう。

■育林技術と森林の機能

さて、人工林を象徴する存在であるモノカルチャー的な育林技術は、森林がもたらす恵みのうち、木材、それも市場に流通する木材のみを極大化して取り出そうとする営みといえる。第1章や第4章で見たように、私たちにとっての森林の恩恵は多岐にわたる。木材生産だけでなく、清浄な空気を供給していたり、水源林として生活用水の安定的な供給源となっていたり、私たちの食生活や楽しみを生むさまざまな生き物の生育場所となっていたりする。こうした人間社会へのさまざまな恩恵は、森林の多面的機能あるいは公益的機能とよばれたり、生態系サービスとよばれたりする（第4章）。

森林のさまざまな機能（あるいはサービス）は、ときに互いに対立することがある。これをトレードオフの関係にあるというが、まさにモノカルチャー的な林業は、木材生産以外の森林の多くの機能とトレードオフの関係にある。たとえば、単一樹種で森林を構成するということは、生物多様性を保全する機能にとってはマイナスである。実際、スギやヒノキの人工林では、山菜やキノコなどの食材を得ることは期待できないし、秋に紅葉を愛《め》でることもできない。

森林の多様な機能を重視する観点から、大面積の皆伐をともなわない方法や、単一樹種によらない育林技術も早くから追求されてきた。たとえば、伐採は少面積あるいは線状にとどめて、周囲に残っている樹木から供給される種子から次世代の森林を育成していく方法、一定割合のみ伐採して、残した木の間に植林して育てることで皆伐せずに森林状態をつねに維持しようとする複層林などが試されてきた。また、最近では、生物多様性保全の観点から、生産対象以外の樹木も含めて積極的に残して伐採する保持林業なども提唱されている[4]。

しかし、こうした木材生産以外の機能も追求しようとする育林技術は、伐採時の技術的なむずかしさや、効率（経済性）の悪さが指摘されている。さらに、どの地域にも適用できるような確立された技術があるわけではなく、地域の特性をよく観察し、適応するような育林技術が探求される必要がある[5]。

もし、森林の機能を多面的に担保する育林技術を地域ごとに確立したとしても、これまで指摘されていたような伐採時の技術問題が解消されないかもしれないし、その後に私たちの暮らしの中に生かされるまでの技術のあり方とマッチしないかもしれない。このあと本章では、森林を育てた後の技術、つまり伐採や搬出、加工の技術について見ていく（なお、技術的な問題が解消されたとしても、木材生産以外の機能も重視した林業をすれば、「規模の経済」を犠牲にすることは避けられない。これを可能にするような制度や取り組みについては、第10章で見る)。

3　木材伐採と搬出の技術

本節では、木材を収穫する技術に目を移していこう。

森林を構成する樹木の多くは、人間の体に比べてはるかに大きい。木材を収穫して利用するということは、とても人間の生身の力と技で太刀打ちできるものではない。人間が木材を利用するには、なんらかの技術を駆使する必要がある。時代が下るにつれて、その技術は高度に発展していくわけだが、そこにはどんな画期があったのか、歴史を振り返ってみることにしよう。

■木材の伐採技術

木材を収穫するにあたって、最初に大きな画期となったのは、金属器の導入だろう。日本において、金属器の導入は古墳時代であるとされる。まず青銅、つづいて鉄が中国大陸からもたらされた。

木材を伐採する道具において、最も原始的なものは斧《おの》である。斧による木材伐採は、幹のある高さを集中的に削り取って、その点における幹の強度を弱め、それより上部の樹木の自重によって倒す技術である。金属器の導入前は、石を用いる石斧《いしおの》で木材は伐採されていた。石器と金属器では、刃先の鋭利さにおいて、大きな違いがある。当然、金属のほうが鋭利な刃先を作ることができた。

樹木の幹は、広葉樹に比べて、針葉樹のほうが縦向きの繊維が強い。鋭利な刃先を持つ金属器では、針葉樹も比較的容易に切り倒されるようになる。その結果、針葉樹がより多用されるようにもなった(6)。さらに、四世紀以降には、金属器のノコギリが導入されていたことがわかっている。木材の繊維を切断するには、斧よりもノコギリのほうが効率的である。ノコギリは伐採後の木材加工に多用されるが、木材の伐採にも使われる。薪にするような小径材は、ノコギリで伐採するに適していたし、大径材であれば、斧で受け口を削り出したあとに追い口を切り進めるのにノコギリが使われる場合が多かった(7)。

こうした斧とノコギリによる、つまり素朴な金属器と人力による木材伐採は、近代以降もしばらくは続けられた。ここに画期をもたらしたのがチェーンソーの導入である。日本では、昭和三〇年代に一気に普及し、手道具による伐採技術をほぼ駆逐した。チェーンソーは機械力で迅速かつ強力に木材を鋸断《きょだん》する。以後、チェーンソーによる伐採は、日本で最も主要な技術であり続けている。さらに近年は、大型の林業機械による伐採技術への移行がはかられている。たとえば、ハーベスタという林業機械は、一台で木を掴み、根本を切断し、任意の方向に木を倒しつつ、枝払いと玉切り、さらに積み作業をすませることができる（写真5-1）。この場合、木材の自重ではなく、機械力で伐倒の方向がコントロールされることになり、全工程を機械力が担うことになる。

伐採技術の発展がはかられる背景には、労働者の安全性の向上などもあるが、やはり、生産性の向上が最重要課題としてあるだろう。樹木を伐採して木材として扱えるようにすることを素材生産という

写真５－１　高性能林業機械のひとつ、ハーベスタによる伐採作業

が、素材生産の生産性は一般に、労働者一人が一日にどれだけの量の素材を生産できるか、ということを指標にして考えられる。オノとノコギリによる場合は不明であるが、チェーンソーだけを使う場合には、二～三㎥／人日ほど、ヨーロッパでフルに高性能林業機械を用いた場合には、数十㎥／人日ほどになるとされ、機械化は飛躍的な生産性の向上をもたらすのである。

■木材の搬出技術

長大な木材は、伐採した後に使うところまで運ぶのも一苦労である。薪にするような小径木であれば、人力で事足りるが、柱や板に使うような木材であれば、人力ではきわめて困難な仕事となる。この課題をどう解決してきたのだろうか。

時代を通じて最も使われてきたのは、木材自体の重さを利用する、つまり位置エネルギーを使う方法である。平地であれば、畜力の利用が発達したかもしれな

写真5-2　森林内で木材を滑らせて搬出するために設置された修羅
出典：「土佐國一之谷國有林修羅道」（農商務省山林局『國有林と木材』、1907年）

いが、山がちな地形の日本では、高低差を利用して木材を運ぶというのが、最も一般的な解決策だったろう。

木材の運搬に位置エネルギーを使う、ということはどういうことか。具体的な例を見てみよう。まず山の斜面で伐採された木材は、水の流れている谷底のほうへ、地上を滑らせて集められる。このとき、たとえば修羅《しゅら》という木材が滑りやすいように、また走路をコントロールできるような装置が用いられた（写真5-2）。つぎに、沢や川の流れを利用して、木材を水流に浮かべて下流のほうへ運ぶことになる。川幅の狭いところでは、木材をバラバラに流す管流しという方法がとられ、川幅広くなると、木材どうしを筏に編んで流す方法がとられた。

このほか、かつては木材を伐採現場で小さく加工してから出すという方法もとられた。たとえば、屋根の葺き材に利用される笹板などの小材を山の中で作ってから束ね、人の背や馬の背に担いで運び出すという方法があった。

こうした方法は、伐採技術と同様、近代化の中でほぼ姿を消すことになった[8]。木材輸送における近代化は、まず明治末期以降に導入された鉄道によってもたらされた。森林内に敷設された軌道上を走行する貨車に木材を積み機関車で牽引することにより、効率的に木材が森林の奥から運び出されるようになった。さらに、一般の鉄道に接続され、大消費地まで長距離を運ぶことが可能になった。いまも見られる自動車（トラック）による輸送は大正時代に始まった。軌道の敷設という大規模な投資をしなくてもよい自動車による輸送は、いまでは最も一般的な木材輸送技術となっている。ただし、日本の地形では林道を通すことがむずかしいところが多く、実際、林道網の整備は長く課題として残り続けている。林道はあっても、積載量の大きい車両の通行はできないという事情もよく聞かれる。こうした場合、労働力あたりの輸送量は限定的で、輸送コストは相対的に高くつくことになってしまう。

このように、木材輸送においても、より効率的な方法をめざして化石燃料を動力源とする機械力に頼る方向で技術が発展してきている。しかし、日本の森林が持つ固有の条件にはかならずしも適応しきれずにいる段階といえるかもしれない。

4 木材加工の技術

最後に、木材加工の技術を一瞥しよう。これまで繰り返し述べてきたように、生身の人間が木材を扱うには、技術や工夫が必要となる。加工においても、技術の発展は、その困難さを克服するものとして立ち現れてきた。

縄文時代の遺跡から知ることのできる木材利用は、おおむね丸太の状態か、せいぜい丸太を半割にした状態のものであり、素材の形をそのままに活かしたものが主流であった。なかには、登呂遺跡で発見されたスギ板の例があるが、これは、スギという割裂性のよい木材であったから、クサビを打つだけでこれが可能になったものといえる。

金属器の導入は、木材加工においても大きな転機となった。金属製の斧は鋭利であるため、木材の表面を削り取って、つまり「はつり」加工によって整形できるようになった。ノコギリは「挽く」ことにより、斧による「はつり」より正確に目的とするサイズや形状に加工することができる。ノコギリが導入された当初は、縦挽き、つまり柱や板を挽くことができるものではなかったが、のちに縦挽き可能なノコギリが導入され、中世までに普及するようになった(9)。

いま最も一般的な木材加工は、製材機による加工である。これは「挽く」技術であるという点では近世以前のノコギリとさほど違いはない。違うのは、機械力を用いている点である。これにより、木材加

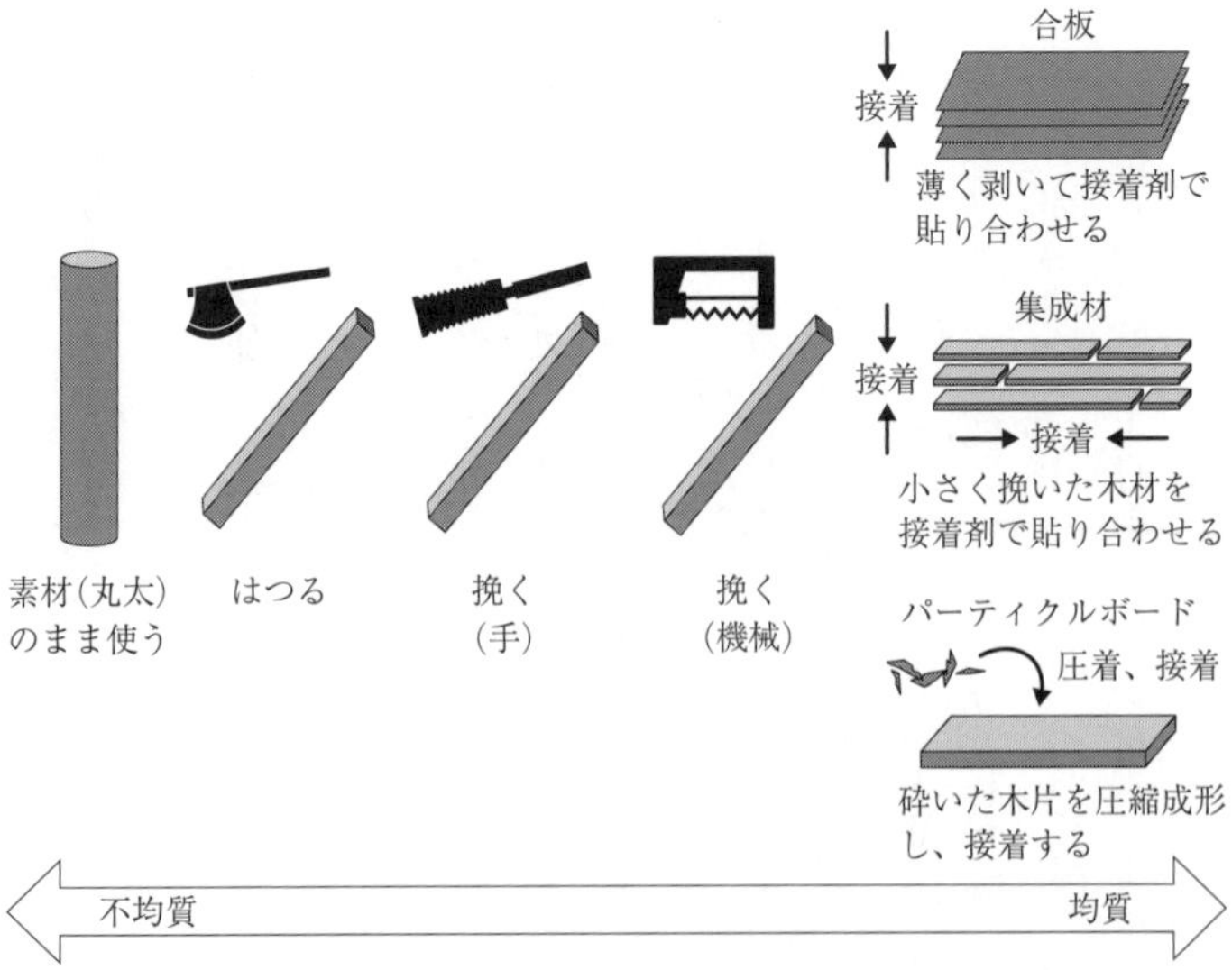

図5－3　木材加工技術の発展の概観

工の効率は人力よりも飛躍的に高められている。そのための動力は、明治期には蒸気機関や水力が使われたが、いまは電力を使うものがほとんどとなっている。

また、近年の木材加工の動向として注目されるのは、木材を細かくしてから再構成するタイプの加工法の主流化である。たとえば、細い柱状や板状の木材を貼り合わせて作られる木材は集成材とよばれる。この延長で、最近はＣＬＴ（Cross Laminated Timber：直交集成板）とよばれる製材品が、大規模建築の構造用にも使用可能な木材として注目されている。さらに、分子レベルまで木材を分解した後、調整してプラスチックの代替素材などとして使えるＣＮＦ（セルロース・ナノ・ファイバー）の実用化に期待が集まっている。

このタイプの木材加工は、きわめて重大な画期をもたらすものと考えられる。本来、木材は生物体であり、個体差があるし、時間経過にともなうサイズなどの変化も生じうる。木材を工業用資材としてみたとき、課題としてつきまとってきた性質であり、これは「挽く」だけの加工技術では乗り越えられなかった。それが、最新の加工技術では、こうした難点はもはやほとんど問題とならない。これまで質的に劣ると考えられてきた木材であっても、こうした技術によって十分に使えるようになったともいえる（図5-3）。一方で、原材料の品質を選ばずに製品を生産できるということになると、原材料の価格は低く抑えられるようになる可能性は容易に想像できる。森林に関わる経済を考える際には、注目していくべき点だろう。

●読者への問い：
極端なモノカルチャーが環境問題の原因となることは、とくに農業で指摘されてきたが、林業のモノカルチャーも環境の劣化につながったり、重度な負荷を与える可能性がある。極端なモノカルチャーを採用する林業がもたらす問題には具体的にどのようなものがあるだろうか？　また、そうした弊害を軽減あるいはなくすにはどのような対策・対応が必要だろうか？

注

（1）山内倭文夫『日本造林行政史概説』日本林業技術協会、一九四九年。
（2）植林の目的は、木材生産が最も主要なものであることに間違いないが、ほかにも環境保全を目的としたものなどがある。
(3) 島本美保子「世界の造林・育林費」『林業経済』第五一巻第四号、一－一〇頁、一九九八年。
(4) 保持林業については、柿澤宏昭・山浦悠一・栗山浩一『保持林業――木を伐りながら生き物を守る』(築地書館、二〇一八年)を参照。
(5) 正木隆『森づくりの原理・原則――自然法則に学ぶ合理的な森づくり』(全国林業改良普及協会、二〇一八年)を参照。
(6) 木材の伐採技術については、日野永一『木工具の歴史』(第一法規出版、一九八九年)を参照。同一遺跡で、針葉樹の利用割合が高まっていく事例は、村上由美子「遺跡出土の生活用具で探る木材利用」(『グリーン・パワー』二〇二一年六月号)で報告されている。
(7) ノコギリによる切断は音がほとんど出ず、盗伐が懸念されることから、江戸時代において山へのノコギリの持ち込みが禁じられていた例がある。
(8) 木材の輸送技術変遷の詳細については、吉岡拓如ほか『森林利用学』(丸善出版、二〇二〇年)を参照。
(9) 詳細は省くが、木材の縦方向の繊維にしたがって「割る」技術も並行して使われた。

第6章
経済が変える森の姿

1　姿を変える森

私たちの日常生活から見ると、森は姿を変えないように思われるが、時間の枠を広げていけば、森も変わるのである（第1章）。地史的な時間スケールで見れば、森の姿を変えてきた主要因は気候の変化であった[1]。人間がやってきて定住し、社会が複雑に発展してくるに従って、今度は、人間が森の姿を変えるメインプレーヤーとなった。

日本列島は温暖かつ湿潤なため、高山や河川の氾濫原などを除けば、国土のほぼ全域が森林で覆われる。一例として、長期的に森の姿が変わってきたことを示した図を見てみよう（図6-1）[2]。大局的に見

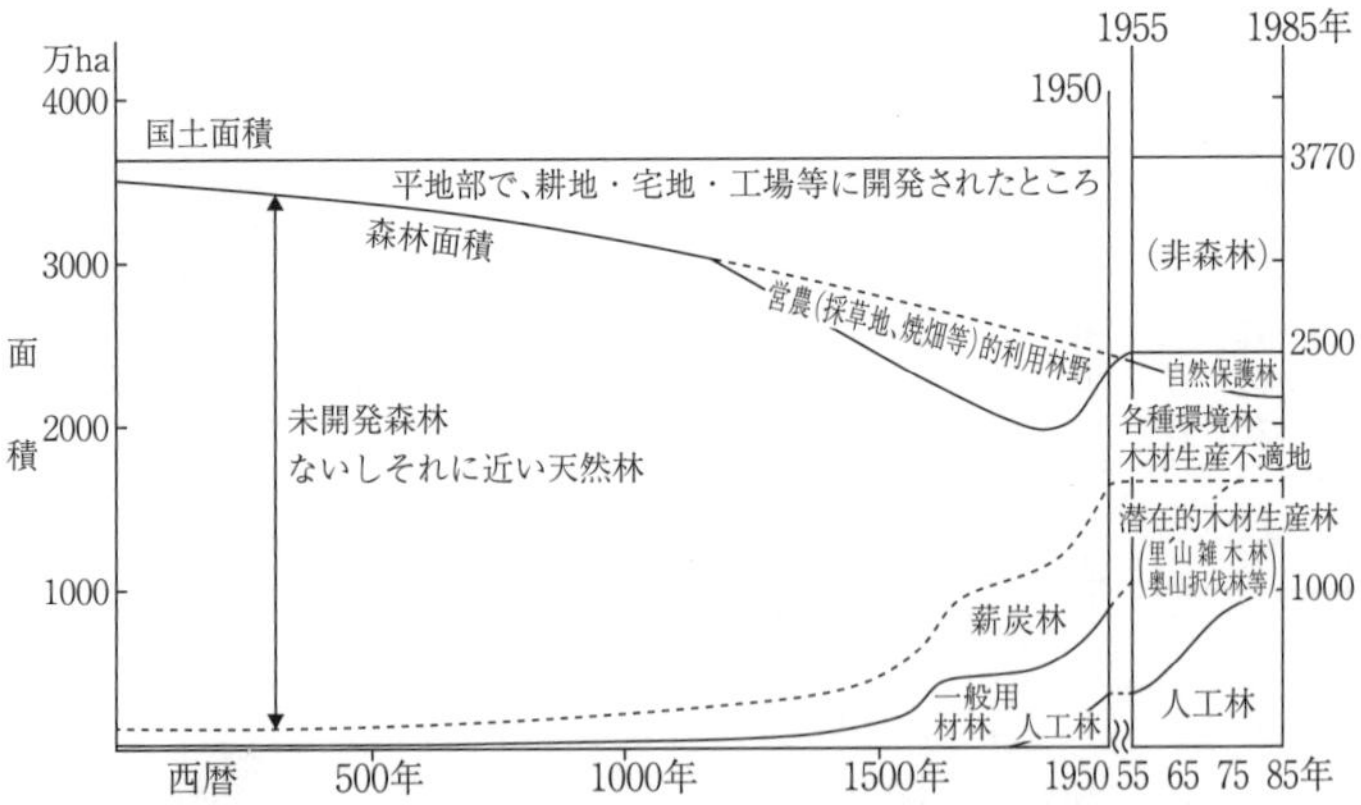

図 6－1　人間の利用の観点から見た長期的な森林の変化
出典：依光（1984）より作成。

ると、かつてはほぼ全域が森林であったのが、近年に至るまで一貫して森林が減り続けていることが見て取れるだろう。図の上部に示されている領域が非森林を示すが、それは、人間が森林を耕地や宅地などに開発したことによる。図の下部に目を転じると、森林のままではあるけれど、薪炭林や人工林など森林の形態が変わってきたことが見てとれる。こうした変化は、人間の欲求を受けてもたらされた、別の言い方をすれば、経済のあり方に影響を受けてきた、ということができる。

以下では、日本において人の経済がどのように森の姿に影響してきたのか、具体的な例を取り上げながら、見ていくこととしよう。なお、ここでは、遷移や植栽によって潜在的に森林になりうるような草地（二次植生としての草地＝半自然草地）や荒蕪地（はげ山）も視野に入れて、森の姿の変化をとらえることにする。

2　人々の資源利用と森の姿

長い時代を通じて、人の暮らしの根幹を支える必要物資は燃料と食料であった。このために森林が貢献してきたことは明白であるし、そのことで森の姿は大きく変わってきた。

■薪炭林

まず燃料から見ていこう。森林が人にもたらす燃料として薪や炭があることは、だれでも知っていることだろう。薪炭《しんたん》林という言い方があるが（図6-1参照）、これは、薪や炭の原料となる木材を収穫することを主目的に作り変えられた森林である。それに適した樹木を植えることもあったが、多くの場合、ただ収穫するだけで成り立っていた。

もともとあった森林（原生林）から薪炭林に移り変わる過程の詳細はわからないが、森を構成する植物の特性からおおよそのことは推定される。建築に使う木材を得るためなのか、焼畑（後述）のためなのかはわからないが、人がなんらかの目的で森を切り開いたとする。その後、土に埋もれていた植物の種子（埋土種子という）や、動物や風によって運ばれてきた植物の種子が発芽して、裸地はすぐに緑で覆われるようになる。このとき、真っ先に地上より高いところ、つまり太陽光を有利に得られる地位を確保するのが、草本類である。これに遅れてより高いところに達するのが樹木で、その中でも強い陽光

写真6－1　ナラの切り株から出る多数の萌芽枝

を必要とし、成長の早いものを陽樹という。一般的に薪炭林は基本的にはこの陽樹から構成される。

陽樹の中でも、広葉樹のナラ類やサクラ類は、若いうちに伐採すると、ほぼ確実に根株から萌芽枝が発生する（写真6－1）。萌芽枝は、種子から発芽した幼木とは比べ物にならないくらい成長が早い。一、二年のうちにどの草本植物よりも高いところに葉を広げるようになり、すみやかに森林が再形成される。そしてまた、ある程度育ったのち、木が若いうちに伐採すると、同じしくみで森林が再生し、これを構成する樹木はナラなど萌芽能力の高いものが優占するようになる。

ところで、若い木が燃料としてすぐれているかというと、そうではない。第5章で見たように、大きな木は生身の人間としては扱いにくい。一方で、若い木であれば、容易に伐採、細分化でき、人がかついで運ぶことができる。つまり、日常的に使う燃料としての木材は、扱いやすいことを優先して使われたと考えるのが自然である。薪炭林は、里山を代表する景観であり、日常の燃料を得るために短い周期で伐採が繰り返されることによって成立する森林であった。地域によって異なるが、およそ二〇年前後のサイクルで伐採が繰り返された(3)。

この結果、もともとあった森林とはだいぶ異なる森林の姿となった。とくに、関東以南の地域では、ほんらい常緑広葉樹、つまり冬でも葉を落とさない広葉樹からなる森林が優占すると考えられるが、薪炭林では、ナラなどの落葉広葉樹が優占する森林となる。たとえば、永らく里山で親しまれてきたカタクリは(4)、落葉広葉樹林が広がっていることによって生育し続けられたと考えられている。カタクリは、早春の陽光を浴びて芽吹き、咲き、実らせ、初夏になる前に足早に休眠に入る生活史を持っている。そのため、落葉広葉樹が芽吹く前の春の林床は、カタクリにとって悪くない生育場所、ということになる。ほんらいなら常緑広葉樹が優占するような温暖な地域でも落葉広葉林が成立していれば、生育する。氷河期時代の生き残りなどといわれるが、その存続を支えていたのは、人の営みであったと見ることができるだろう。

■食糧生産を支える野山

次に食糧について見ていこう。経済の根幹が狩猟採集にあったとき、まさに森は食糧庫であった。ただし、食糧庫としての森の力はあまり大きいとはいえない。農耕が始まると、狩猟採集よりもはるかに多くの食糧が安定して手に入るようになる。日本において最も古い農耕は焼畑で、縄文時代後期には導入されていた。焼畑は、森を切り開き、そこに火を入れることによって簡易な整地をし、雑穀などを栽培する農法である。数年もすると、雑草や雑木が侵入してくるので、その土地を森に還す休閑期間が置かれ、ある程度森が回復したらまた火入れと作物栽培が繰り返される。木々が燃えて残った灰は作物の養分となりうるし、休閑期間には土壌の地力も回復する。森は間接的に食糧生産に貢献していることになる。

さらに、日本では水田での稲作農耕がもたらされた。これにより、土地の人口扶養力は画期的に増すことになった。日本列島の人口は、縄文時代にはおおむね一〇万〜二〇万人程度であったのが、弥生時代には六〇万人ほどになった(5)。こうなると、森は食糧生産とは無関係になってしまったように思われるかもしれないが、そうではない。水田はその地力を維持するために、水田外からの肥料の投入を必要とする。少なくとも江戸時代まで、水田の地力を維持してきたのは、緑肥とよばれる、山から集めてくる草や柴であった。つまり、水田農耕の場合も、山は食糧生産を支えていたのである。この食糧生産への山の貢献は間接的なために軽視されがちであるが、十分な地力を維持するには水田の面積の一〇倍の面積の山が必要であったという推計もある(6)。

緑肥を得るためには、山は木よりも草で覆われているほうが、都合がよかった。本来は森林で覆われているはずの人里近くの山は、繰り返される緑肥採取が植生の攪乱要素として働き、草を主体とする姿に変わっていったと考えられる（写真6-2）。新田開発が極限にまで進んだとされる江戸時代中期には

写真6－2　火入れ（攪乱）によって現在も維持されている草地景観

日本列島の人口は三〇〇〇万人にまで達し、その後、海外から多くの物資がもたらされる明治時代に移行するまで、横ばいであった。すでにこのとき、日本の国土が扶養できる人口の極限に達していたと見ることができるだろう。こうした時代には、いま私たちが森林と見る土地のおよそ半分が、樹木のほとんどない、草本植物を主体とする姿であったと推定される(7)。

■商品化経済の影響

さて、燃料や食料生産の山への依存は、社会の発展にともなって事情が異なってきたものと思われる。すなわち、第2章で見たように、やがて支配と被支配の関係が生まれ、都《みやこ》をはじめとした町場が形成されると、支配者層や町人など燃料や食料を自給できない人々が増えてくる。そうした人々は、徴税や交換（商品化）を通じて燃料や食料を得ることになるが、これは、山野から離れて暮らす人々の需要をも山野が担うようになったことを意味する。つまり、村に住む人間が必要とする以上の資源需要が山に求められることになった。

商品化経済は、江戸時代にはかなり高度に発達していたが、この経済のしくみが山に与えた影響は無視できないだろう。たとえば、商品として流通する食塩や陶器はその製造に多くの燃料を必要とするが、このため、薪が商品として村々から出荷された。この影響で、村の内部では燃料需要が逼迫し、いきおい入会地《いりあいち》での過剰な燃料採取を招き、植生がほぼ失われる「はげ山」が生み出されたところが少なくない(8)。

この、山野が生み出す物質的資源がそこに暮らす人々の需要を超えて利用されるという構図は、江戸時代まではまだ序の口といっていいかもしれない。明治時代以降の近代化の過程でこの構図は決定的なものとなり、ついには破綻ともいえる状況が顕在化した。以下では、その過程で森の姿が変わっていくような出来事を取り上げてみよう。

3　近代化と森の変容(近代〜戦後)

■草山の減少

すでに見たように、山は間接的に日本列島における食糧生産を支えてきた。その結果生み出されたのが、広範におよぶ草山であったが、それは、明治時代以降に急激に減少するようになる。いったいなにがあったのだろうか。

大きな変化の一つとして、肥料は自給するものではなく、買うものになったということがある。鰯を肥料用に乾燥させた干鰯《ほしか》や、菜種油を絞った残渣《ざんさ》である油粕が肥料として使われるようになり、やがて硫酸アンモニウムなど化学的に合成される肥料が流通、普及した。安価で肥効の高い肥料が出まわると、もはや広大な山野から膨大な緑肥を集める労苦は顧みられなくなった。

草山は農業に従属するものであり、第7章で詳しく見るように、草山に見るような自給的利用は国の経済的な発展に貢献しないとみなされていた。つまり、草山を国の経済に資するような土地利用に変えていくことは「国是」であった。その観点から最も望まれたのが木材生産であり、人工林の造成を促進するような政策がとられたし、村人たちも進んで造林する機運が生まれていった。

■国富としての木材

さて、木材は第5章で見たように、近代化前から稀少な資源となっており、広域で流通していたし、商品として生産するための育成林業も各地で始まっていた。しかし、近代化していく日本社会において、木材はそれまでとは次元を異にする重要性を帯びていったと見ることができる。そのあたりの事情を一瞥しておくことにしよう。

日本の木材需要は、一八八〇年代には一億二〇〇〇万石《こく》ほどであったが、一九四〇年代には三億石ほどに増加した(9)。この間、日本列島の人口は約三五〇〇万人から約七〇〇〇万人とおよそ二倍になった。こうして見ると、人口の増加するペースよりも急速に木材需要の増加したことが知れる。これは、人々が日常の暮らしをまっとうするのに必要な量以上の木材が使われるようになった可能性があることを示唆している。

木材需要は薪や炭などの燃料としての用途である燃材と、それ以外の用途である用材に分けて集計される。燃材について見ると、一八八〇年代には一億石であったのが一九四〇年代に二億石なので、ほぼ人口増と歩調を合わせて増加してきたことになる。この間、石油や石炭を使う技術が急速に普及したが、これらは主に、産業と軍需に振り向けられる傾向が強く、人々の暮らしに用いられる燃料は、戦後しばらくまでは、都市部であっても薪と炭が主役であった。とくに、木炭は都市での需要が大きく、明治後期に鉄道が開通して以降は、遠隔地から大量の木炭が生産された。この時期、東北や北海道など、大都市から離れていた地域において、薪炭林はさらに広がりを見たものと推定される(10)。

一方、用材について見ると、一八八〇年代には〇・二億石だったのが、一九四〇年代には一億石と五倍に増えている。用材のうち、その基調となるのは建築用の需要であるが、これは二倍程度にしか増えていない。それ以外で需要を押し上げたものとして、鉱業（坑木需要）、電気通信（電信柱など）、運輸（鉄道枕木など）、軍需などがある。これらは、近代化以降はじめて現れた需要形態であり、また、国家経済あるいは国力を大きく左右するものであった。まさに木材は国富に直結する性格を帯びていたので ある。一方で、度を越した木材伐採が森林を荒廃させ、水害を多発させる要因となっていたため、森林における木材生産力を高めることが国土保全のためにも重要な課題となっていた。

上述した「国是」の背景には、こうした事情があった。このために、農業に従属していたような山野を木材生産の場に作り替えるような政策、あるいは国民の取り組みがあったことは前述のとおりであるが、一方で、それまで手付かずだった奥地の森林にも木材生産の手が伸びた。これを可能としたのは、軌道を敷設した輸送手段（森林鉄道）や蒸気船など、近代化がもたらした新技術であった。これにより、優良な木材を産する天然林、つまり天然の形質にすぐれた針葉樹を産する森林は、ほぼ開発しつくされたといっていいだろう。

■桑畑の広がり

近代化による森の姿の変化として、もう一つ桑畑の広がりについてもふれておこう。桑畑はいうまでもなく、生糸を生産するカイコの餌となる桑を供給するために桑を植栽した畑のことである。生糸は、明治初期から輸出商品であり、重要な外貨獲得手段として生産が奨励された。農山村においては、養蚕は確実な現金収入の手段となり、各地で盛んに養蚕が行われるようになった。この結果、里に近い山野は、桑畑に置き換えられていったところが少なくない。

一九二九年の世界恐慌によって生糸の輸出はつまずくことになるが、それまで桑畑の面積は増え続け、ピーク時には七〇万町歩を超えた（図6-2）。これは、日本の林野の三%にあたる面積である。生糸の生産は、関東および甲信地方においてとくに盛んであったことから、桑畑はこれらの地域の農山村

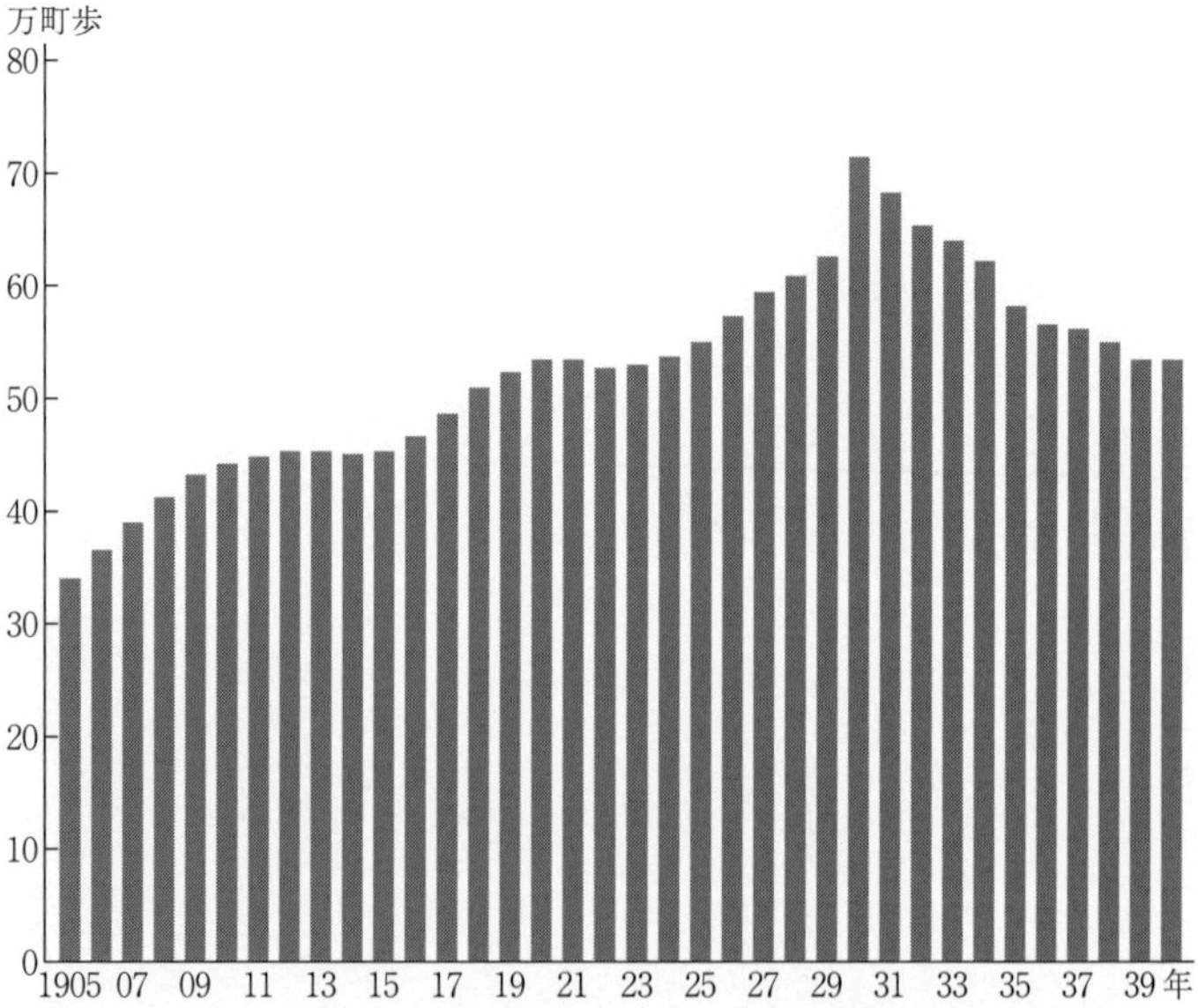

図6－2　戦前における桑畑面積の推移

『昭和18年版 蚕糸業統計要覧』より作成。

を象徴する景観になっていたと考えられる。

このように、近代化の過程で、山野は人々の暮らしに必要な物資を得る場としての意味合いにもまして、急速に国の産業、すなわち経済の発展を支える場へと大きく転換していった。そして、より産業の発展、あるいは国家経済に貢献するように、山野は姿を変えていったのである。また、この際に近代化によってもたらされた技術（第5章）が大きな役割を果たしていたことも、見逃すことはできない。

4　人工林の拡大と利用の空洞化

■戦争による行き詰まり

近代化にともなう急速な木材需要の高ま

りは、日本列島の木材生産力では賄うことができなかったのが実情であった。一九二〇年代には、日本列島の外からの木材の移入（樺太）や輸入（北米、東南アジア）が日本の木材需要の一〜二割を賄うようになったが、一九四一年の太平洋戦争の開戦により、こうした木材は入ってこなくなった。そうなると、日本列島内での木材生産のみに頼らざるを得なくなる。この時期の木材伐採の実情を見ると、伐採面積は終戦まで増加傾向にあるが、伐採材積は一九四四年から減少し、一九四五年には大きく落ち込んでいる[11]。このことから、戦争後期には伐採対象となる森林の蓄積は貧相になっていった、つまり、森林が劣化していった事情をうかがい知ることができる。

こうして無理な木材生産をして終戦を迎えたわけであるが、残った山は、はげ山も散見されるなど、きわめて荒廃した状態だった。戦後の復興に際して、荒廃した山野は二つの大きな苦難を日本社会に強いることとなった。

その一つは、土砂災害である。たとえば、一九四七年に襲来したカスリーン台風は、二〇〇〇人に迫る死者・行方不明者を出したが、荒廃した山野が膨大な土砂流出をもたらしたことが、このような災害の激甚化の原因と考えられた[12]。

もう一つは復興資材としての木材の欠乏である。戦災を受けた焼け野原からの復興、あるいは六〇〇万人を超える引き揚げ者の生活基盤の確立のために、木材は最重要の資材の一つだった。木材需要の逼迫は、建設事業が活発化した高度経済成長期にも引き継がれ、木材の供給を増やすことは、焦眉の課題となっていた。

■拡大造林

これら両者の苦難を解決する方策として、植林を進める施策が強力に押し進められた。まず、立木が失われたままになっている山野に緊急的に造林する復旧造林を進めるために、造林補助金の支給、森林所有者以外による造林を可能とする措置、国有林における苗木の生産・供給体制の確立などの対策がとられた。

戦後もしばらくは、燃料や緑肥の形で山野が人々の日常的な物資を供給する意味合いは残っていたが、高度経済成長期に入ると、そうした意味合いはほぼ消え失せた。とくに、燃料に関しては、一九六〇年頃に「燃料革命」といわれるような急速な変化があった。すなわち、この時期に、家庭で消費する燃料は薪炭からほぼ完全に脱却し、変わって石油やガスが使われるようになった。主に緑肥の供給源として機能していた草地であるが、これまで紹介した緑肥以外にも農耕用の牛馬を飼養するための飼料、住宅の屋根用資材であるカヤの供給源となっていた。しかし、緑肥が化学肥料等の購入肥料に置き換えられただけでなく、農業機械の普及やトタン屋根や瓦屋根の普及によって、漸次その存在意義を失っていった。

このように、山野以外から、そしてしばしば国外から新たにもたらされた物資や技術に代替されることによって、薪炭林や草地はその役割をほぼ終えるに至った。そうした土地の有効活用として、植林による木材生産が企図されるのは当然の成り行きだった。土地所有者に造林を促す造林補助金や、薪炭林や草地の利用形態として一般的だった入会地をより企業的に利用できるようにする対策（第7章）をし

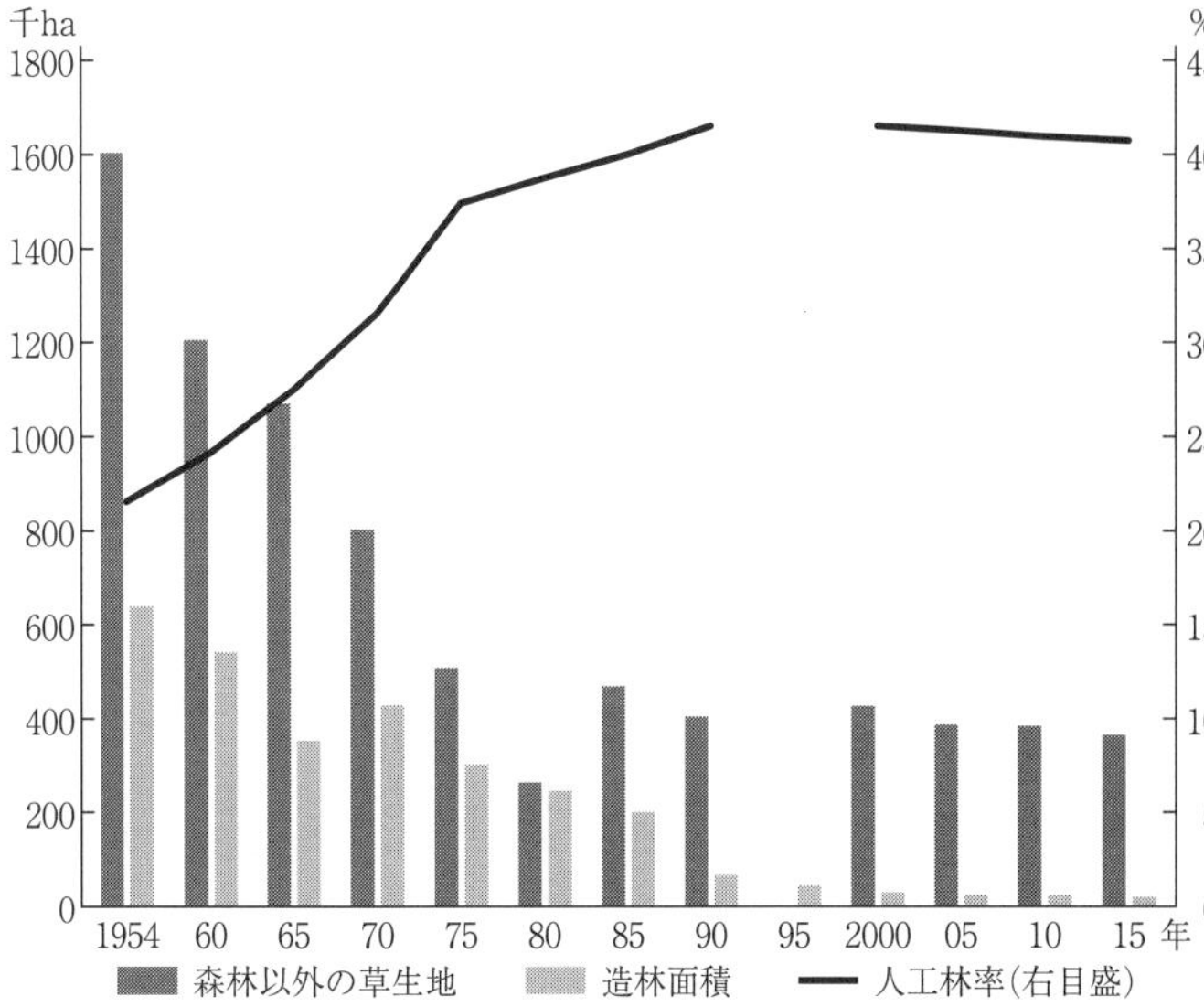

図6－3　草地の減少と人工林の増加の動向

『林業統計要覧』『森林・林業統計要覧』より作成。

くなど、さまざまな政策手段によって、大々的に日本の林野を人工林に作り替える取り組みが行われた。このように薪炭林や草地など、異なる土地利用形態から人工林を造成することは、とくに拡大造林とよばれる。

この拡大造林は、いま私たちの目の前にある森林の姿に最も影響のあった出来事といっていいだろう。薪炭林は、その規模を統計資料で直接的に見ることはできないが、草地であれば、その面積を見ることができる。これに一年間の造林面積を重ね、さらに日本の森林における人工林率の推移を見てみよう（図6-3）。草地の面積は一貫して減少しているが、この減少分の大部分が造林され、人工林へと転換されていったと考えられる。この図には示されていないが、戦後の造林面積は一九五〇年代前半がピークである。造林された土地は、人工林として累積されることになる。人工林率の推移を見ると、一九七〇年代までは急激な伸びを見せ、一九八〇年代には鈍化し、その水準は四割に達して高止まりしていまに至っている。

拡大造林は、人里離れた奥地で広葉樹天然林を伐採した後に行われることもあったが、これまで述べたように、薪炭林や草地がその主要な対象地であった。四割という人工林率は一見して少ないようにも思われるかもしれないが、生活空間の近傍にある森林においては、より徹底的な人工林への転換が起こったというのが実態だろう。

■利用の空洞化

このように、いまある森の姿は、森林をできるかぎり木材生産の場に作り替えようとしてきた歴史を反映している。しかし、それによって初期の目的が達成されたかといえば、そうはならなかった。なぜ、そうならなかったのか、いま一度、歴史を遡って背景を見ておこう。

戦後の復興期および高度経済成長期に木材の欠乏が深刻であったことは、これまで述べたとおりである。造林政策も進められたが、あくまでもこれは中長期的な視野での対策といえるだろう。短期的に高まる木材需要に対して造林によって対応できるわけがない。実際に、木材の価格は著しく高騰し、その原因が国有林の伐り惜しみにあるとする言説が流布するなど、木材供給の増大は政府にとって急務となっていた(13)。これに対し、政府は木材輸入にかかる関税を段階的に引き下げ、一九六四年には、木材輸入を完全に自由化した。その結果として、輸入材に依存する需給構造が定着していったが、その背後では人工林が増え続け、また、森林蓄積が充実していった。皮肉にも、戦後に植林した人工林が徐々に収穫期を迎える一九八〇年代には、国内の木材生産の現場では林業不振の声が聞かれるようになっていた[14]。木材資源の充実とは裏腹に、いわば利用の空洞化というべき新たな問題が立ち現れたのである。

これが、第1章でふれた森の時間スケールと人の時間スケールが齟齬をきたした例の内幕である。本章で見たように、日本の森の四割までもが人工林に作り替えられ、いまに至っているが、それは、いまから数十年前にこの社会の中にたしかにあった要請に従った結果であることは、よく記憶しておく必要があるだろう。さらに利用の空洞化がはらむ問題については、第8章で詳しく見ていくことにしよう。

●読者への問い：
私たちは、自分たちの欲求に応じて、ある程度森の姿を作り替えることができる。しかし、望んでいた森の姿が実現するときには、当初の需要がなくなっていたり、責任を持つ世代が変わっていたりする可能性が高い。望ましい森林の姿は、だれが、どのように決めたらいいのだろうか?

注

(1) 地史的な時間を視野に入れた長期的な森林の変化については、鈴木牧・齋藤暖生・西廣淳・宮下直『森林の歴史と未来』(朝倉書店、二〇一九年)を参照。
(2) 依光良三『日本の森林・緑資源』東洋経済新報社、一九八四年。

（3）具体的な里山での人々の営みと森林の再生のようすに関しては、犬井正『里山と人の履歴』（新思索社、二〇〇二年）、養父志乃夫『里地里山文化論』上・下（農文協、二〇〇九年）を参照。
（4）万葉集には、「もののふの　八十娘子《やそをとめ》らが　汲み乱《まが》ふ　寺井の上の　堅香子《かたかご》の花」という大伴家持の歌が残されている。「堅香子」はカタクリの古名である。家持が歌った場所がどこであるかは判然としないが、おそらく都の周辺地域、つまり温暖で、もともとは常緑広葉樹が占めるような気候帯であったと考えられる。
（5）鬼頭宏『人口から読む日本の歴史』（講談社学術文庫、二〇〇〇年）を参照。
（6）水本邦彦『草山の語る近世』（山川出版社、二〇〇三年）を参照。
（7）小椋純一『森と草原の歴史』（古今書院、二〇一二年）および須賀丈・岡本透・丑丸敦史『草地と日本人：増補版――縄文人からつづく草地利用と生態系』（築地書館、二〇一九年）を参照。
（8）千葉徳爾『はげ山の研究 増補改訂版』（そしえて、一九九一年）を参照。
（9）以下、近代化の過程での木材需要の変遷は、山口明日香『森林資源の環境経済史』（慶應義塾大学出版会、二〇一五年）を参照。「石《こく》」は、かつて木材の体積を示すのに用いられた単位で、一石は約〇・二八㎥に相当する。
（10）注1前掲書。
（11）船越昭二『日本の林業・林政』（農林統計協会、一九九一年）を参照。
（12）総理府資源調査会『日本の農林水産資源』（時事通信社、一九五二年）、二六五―二七一頁を参照。
（13）たとえば、第38回国会大蔵委員会（一九六一年四月一一日）では、「現在の木材価格の値上がりは、国有林の切り惜しみにあるといわれています」という発言が見られる。
（14）木材市場における国産材の競争力の弱さは二つの段階に分けて考えることが可能である。おおむね一九九〇年代半ばまでは、価格競争力における弱さが際立つ段階で、それ以降は、寸法安定性や大ロットでの取引可能性など、質的な競争力の弱さが露呈した。

第7章 農山村における近代
――コモンズ解体と「高度利用」の神話

1 コモンズとしての自然――「自然の公私共利」の原則

前章で、森林はもとより自然環境の持続性が、私たちの選びうる技術に依存することがわかった。技術を使って得られた自然産物をどのように配分するかは経済や所有のあり方の問題である。日本では、長い歴史を通じ、自然の恵みはある権力者などが囲い込むのではなく、人々が分け合って利用すべし、という考え方が共有されてきた。律令社会における「山川藪沢之利　公私共之」はその典型である。これは、「公」も「私」も互いに配慮しあい、「みんな」で自然を乱用せず、共同利用することを原則として表明したものである。ここでいう「みんな」は、不特定多数の公衆を意味することもあるが、実質的には、日常生活においては「村人みんな」である。自然村落を単位とし、その構成員である村人たちが、森林をはじめとする自然を共有・共用で利用・管理してきた。このような村あるいは村々間における自然の共用・共有制度は「入会《いりあい》」とよばれる。中世以降の歴史を持つ入会は、明治民法で法的地位を得て現代に引き継がれてきた。

本章では、地域共有・共用の森である入会林野に射程を据え、その変容過程を追うことで、現代社会における森林問題の核心がどこにあるのかを考えてみたい。

2 日々の生活を支えてきた村の中の「共」——入会の森を利用する

村の人たちは、日々の生活に共用・共有の入会林野をどのように役立ててきたのだろう。その利用は、①自給利用、②商品経済的利用に分けることができる。

自給利用とは、森の恵みを商品化するのではなく、自らの暮らし、あるいは地域のために直接使うことをいう。時代を問わず、人が生きていくためには衣食住は欠くことができない。食の多くは田畑によって供給されるが、連作を続ければ地力が落ちたり、連作障害が発生したりする。それを防ぐ格好の肥料が、森には豊富に存在する。柴草や木々の落ち葉である。また森で採れる山菜やキノコ、さまざまな果実は、日々の食卓を彩る欠かせない食材となる。枯れ葉は火がつきやすく、すぐれた着火剤となるし、木々の枝や薪を燃やすことで調理や暖をとる熱源となる。家屋の建築に森の木々が果たす役割の重要性はいうにおよばない。屋根もまた森で得られる茅《かや》が活躍する。屋根を葺く茅は、細長いストロー状に成長する草本植物で、入会林野の一角には、たいてい茅場《かやば》が設けられていた。茅葺《かやぶき》屋根は一家総出でもワンシーズンで終えることのできる代物ではない。そのような大変な労力を要する作業は、村（組）総出で行う。この年は、だれそれさん家の屋根を葺く、というように順番が決まっており、隣近所が相互に助け合って屋根葺きをし、幾年かで集落みんなの家の屋根葺きが終わるという具合であった。

このような村人共同の仕事は、種類ごとに呼び名が異なることが多い。屋根の葺き替えは結《ゆい》、共同井戸・水車などのメンテナンスは催合《もやい》など、目的によって呼称が違う。また、村全体での入会林野における共同作業は、地域によって賦役《ふえき》や出役《でやく》などとよばれるが、本書ではたんに共同作業と表記することにする。このように入会林野からの資源調達・加工・維持管理の多くの過程で、村人同士の互助や協働が見られる。とりわけ、法社会学では、このような自給利用を入会林野の古典的利用形態とよぶ。古典＝原初的な利用、あるいは市場社会到来以前の利用形態という分類である。市場における交換過程には乗らないこのような自給の営みは、ＧＤＰには計上されない。

一方、商品経済的利用は、森の恵みを市場での売買を通じ収益する利用を指す。林野の商品化という場合、数知れぬ森の恵みがあるが、とりわけ木材の市場取引を指すことが多い。市場取引となれば、生産者の側つまり村には、安定した需要が見込める建築材をより効率的に生産したい欲求が生じる。この欲求をどうすれば満たせるだろうか？

まず樹種である。空に向けてまっすぐに生育するゆえ建築材として重宝されるスギ・ヒノキ・カラマツなどの針葉樹が選ばれる。建材利用となれば多くの需要が発生し、それらに安定的に応えることのできる体制が必要になる。なるべく大面積に一種類の同一年生の樹木を植えることになる。そうすると、必然的に林相とよばれる森の外観はがらりと変わる（第6章）。多様な広葉樹から、単一樹種が同年度に植えられる一斉林とよばれる人工林に様がわりするのである。効率性を重視するほど大面積に植え、伐期には一度にそうとう大きな林分を伐採（皆伐とよぶ）することになる。

木材以外にも商品化される森の幸はさまざまあるが、ここでは、高い価格で取引されるマツタケをあげておこう。とくに、料亭や旅館に高値で売れるような観光地の近郊林においてマツタケはよい稼ぎ頭であった。ただ、一年でもごく限られた時期、そして当たり年と外れ年もあるマツタケ林の扱いはとても興味深い。マツタケシーズンになると、入会林野だけでなく村内の私有林も含め村全体でマツタケ林の入札（全山一括方式）を行う地域が京都府にある。(1) 入札で落札したマツタケ採取権を手に入れた村人は、私有・入会を問わず、排他的にマツタケ林でマツタケを採り、近隣の旅館や業者に売ることができる。その入札落札金はもれなく村の自治活動の原資となり、村の共益増進のために使われた。

■軟体動物のごとく変化してきた入会

商品経済的利用は、先に見た古典的利用の次段階の利用形態とされる。法社会学では、古典的利用以外にも、(a)いくつかの林分を村人の間で分けて、個人が排他的に使い収益できる分割利用形態（自給利用・商品経済双方ある）、(b)木材市場が展開すると村が取り仕切って人工林経営を行う直轄利用形態（商品経済利用)、(c)村が村以外の法人や個人に林分を貸与し、人工林を育成させ、伐採収益を当該法人(個人)と村が一定比率で分け合う契約利用形態(商品経済利用)などが見られるようになる。どの形態下にあっても地盤の所有は村に帰属する。貸付を受ける村人、あるいは第三者が有するのは、地上に生えてくる産物に対する権利にすぎない。これを法律用語で地役権ないし用益権という。たとえば村民が、他の場所に引っ越す場合、入会林野に対する自分の権利(「持ち分権」という)を主張することは原則できない。離村すれば原則、入会権は消滅するものと理解されている(「離村失権の原則」という)。村に住み実際に森林を利用することは、村人としての義務を果たすことを前提として成り立つ権利だと理解されているのである。このような所有のあり方はゲルマン法における総有(独：Gesamteigentum)に近似しているといわれている。

法学はもとより、多くの分野で、入会は時代を経るにつれて、古典的利用形態から契約利用形態へと移行していくようにして描かれる。別の角度から見れば、村民たちは、村内外の変化に対応するために利用形態を変化させてきた、といえるだろう。ただこのような変化は、ある時代が到来すると、それまでの利用形態がすぐさま消えさり、次の利用形態にとってかわられていく、というものではない。人と森林の長い歴史では、移行期のつなぎ目の重なり合いのみならず、それまでの利用形態が新しく誕生する利用形態とともに併存し、いまに至っている。

■利用から生まれる共用・協働のルール

森の恵みは無尽蔵ではなく、再生産の範囲を守るかぎりにおいて、次期の恵みが約束されることは第1章で見た。この再生産能力は有限であり、その最大量は最大持続可能収量（ＭＳＹ：Maximum Sustainable Yield）とよばれる（第9章）。入会林野では、村人によって再生産能力を超えないように利用や管理ルールが張りめぐらされている。第3章でふれたＧ・ハーディンが、頭の中で描いた「だれもが好き放題、利用できる無秩序な状況」とは、①利用は村人に限定されている、②利用・管理ルールが存在する、という点でまったく異なる。そのような入会のルールを村人が互いに遵守することで、乱伐・枯渇を数世紀にわたり回避してきたのである。

入会のルールは共同体内で通用する、という意味で内法とよばれる。村人の日々の利用を通じ、そして幾多の共同利用における争いの末に作られた乱伐や枯渇を防ぐルールは、各地域のエコロジーや各世帯の諸事情を反映した柔軟性を持っている。また、村内外の変化に応じルールは修正・改良されるのである。標準的な経済学の考えからすると、このようなルールは公共財的な性格を持つゆえ、「ただ乗り」(free rider）の誘因が生じる。そのため、ルールじたいが供給されえない、あるいは、されにくいと説明される。これは資源管理理論において「制度供給問題」とよばれる。現実の山野海川のコモンズには、そのような理論がかならずしも妥当しないエコロジーに根ざす現実世界が広がっている。

これは、日本の入会にかぎったことではない。世界各地で、共用・共有の自治的資源管理ルールが存在してきた。たとえば、山に立ち入ってよい季節・期間、使用してよい道具、採取方法や採取量、山の管理に果たすべき共同の労働義務、違約者への罰則など、きわめて多岐にわたる。ルールは各地で共通する面もあるが、地域それぞれに異なる統治の工夫・柔軟性がある。共用、共有する対象資源によっても異なる。先述したマツタケ入札に見る私有を含めた全山一括方式などはその典型といえるだろう。このようなルールの策定をはじめ、入会財産に関する重要事項の決定については、村人全員の同意が必要な場合が多い。これは入会の全員一致原則とよばれる。

■地域共用・共有の入会林野に見る諸機能――巧みに折り合ってきた足跡

ここまでで、人間の利用に着眼し、入会の利用形態を確認した。次に入会林野に内在する五つの機能を見ておこう。入会には①自給機能、②地域財源的機能、③弱者救済機能、④地域固有の文化継承機能、⑤環境保全機能がある。[2] ①の自給機能は、人間が生存するうえで欠くことのできない物資を提供してくれる機能である。この機能が摩耗・消滅しないかぎり、人は森の恩恵を受け、命をつなぐことができる。②は、人工林や林産物から得られる収益を、村の財源とすることで発揮される機能である。上記の①と②は、③〜⑤の機能を生み出す基盤になるといってよいだろう。

③は共有・共用の森に見られる顕著な機能の一つである。たとえば、不測の事態で経済的困窮状態に陥った村人を入会林野に住まわせる「ヤマアガリ」という慣習が典型的である。彼らは山野の恵みを得て（①の機能）命をつなぎ、村の役・労役を免除してもらう一方で炭焼き収入（②の機能）などにより借財を完済すれば、村に復帰できるという慣習である。入会林野の一部に設けられたそのような山は

「貧者はぐくみ山」などとよばれた。また、戦争のため母子家庭となった遺族に対し、子どもの教育費を捻出する目的で入会林野の一角を遺族に貸し付け、収益させる場合もあった。筆者（三俣）の調査先・岩手県江刺市では「遺族の森」とよばれていた。このようなセーフティネットとして機能する共用・共有の場は水域にも存在してきた。たとえば、琵琶湖に面するある集落では、危機に瀕する貧者に対し優先して漁場を貸し与える慣行があった。

また、②の地域財源機能を駆使し、山祭りをはじめ、村の祭事が脈々と継承されてきた。村の中には集落、組、老人会、婦人会、子ども会、学校、敬老会、講など数多のグループがある。いずれも生活に根ざした共通のニーズを持っている。村はそのような村内の各グループに対して入会林野の一部を貸し、収益させるのである。たとえば、村は学校に入会林野の一部を学校林として貸与する。その学校の教員、保護者、児童・生徒が植林・保育を行い、首尾よく育った木々を伐採し得られた収益は、ピアノやコンピュータなどを購入し、学習環境の充実をはかるために使われる。このように地域内にあるグループに当てがわれた林分の木々を当該グループが育てて、収益し、それぞれの目的に資するように使い、自治的な活動を促進するのである。入会林野から得られた収益は、個々人に分けて使ってしまうのでなく、村全体の共益を生み出すように使われることがきわめて多い。これを筆者らは入会の「共益還元則」とよんでいる。

⑤の環境保全的機能は、物権たる共同所有の一形態として民法上で規定される入会権によって発揮される機能である。入会権者全員の同意がないかぎり（全員一致原則）、ディベロッパーは入会林野を買

収・開発できない。リゾート開発予定地に入会林野や入会地が含まれている場合には、入会権を盾に、開発行為を止めることが法理上可能となる。ただし近年、入会権の歴史的経緯を知らない裁判官が増え、法理と矛盾する判決（民法学者の中尾英俊は「入会権の恥知らず判決」とよび批判した）が散見される。

これらの機能を通じ、多くの村が、第3章で見た社会的共通資本を、国や自治体によってでなく、等身大の村の自治力によって充足してきたのである。

3　森の近代――入会消滅政策＝高度利用の果てに残ったもの

以上までで述べてきた入会は、明治以降、劇的な変化を迫られることになった。農山村社会の背骨をなす入会の消滅をはかる政策が、明治から現在まで連綿と続いてきた。なぜそんな政策が必要だったのか？　財産の処分（市場取引）に際し、メンバー全員の同意を必要とする入会は、財やサービスの円滑な交換を前提とする市場経済にとって都合が悪いのである。加えて、入会を通じて村は「等身大の社会的共通資本」を自ら充足できるゆえ、自立度が高い。つまり村の自治や入会林野は、広域でのやりとりを前提とする市場にはなじみにくく、ときに対抗する存在にさえなる。他方、入会は権力を掌握しておきたい広域行政にも対抗する性格を持つ。そういう自立度の高い村の共有・共用のしくみを解体し、「公」と「私」の二極へ収れんする一方で、自給経済部門の営為を商品経済部門に組み入れていくことが、農山村における近代ないし近代化の意味するところだったのである。

そのような試練を受けながらも、入会を起源とする森は、現在、生産森林組合、社団法人、財団法人、財産区、一部事務組合、認可地縁団体、部落有林などの多様な形態で存在している。(3) 加えて、地役入会権にもとづく入会権者による利用が、国有林（「共用林野」などの国有地入会）や都道府県有林（公有地入会）、そして私有名義の林野（私有地入会）でも続いている。つまり、所有形態ではなく、利用実態を見ないかぎり、当該地が入会林野か否かを知る術がない、ということを付言しておかねばならない。以上を確認したうえで、次に明治以降の入会消滅政策を概観していこう。

■「共」を「公」としての国・自治体に召し上げる入会消滅政策

江戸時代の鎖国から明治に入り、明治政府は欧米諸国の諸制度に倣い国づくりを目指した。まず、「公」と「私」に区分し、後者からの納税を国家の財政基盤にするために、一八七三年の地租改正を行った。ただ、ここで問題になったのは、欧米の法体系において「公」とも「私」とも判然としない江戸時代の村財産（入会財産）をどのように扱えばよいか、ということであった。西欧の所有権研究が端緒についたばかりの当時、明治政府により実施された官民有区分政策の結果は容易に想像できるだろう。きわめて不明瞭な基準で判断を下された少なからぬ入会林野が瞬く間に国有林に編入されてしまった。

官民有区分の際、国への召し上げを免れた入会林野も、すぐさま次の試練に直面する。一八八九（明治二二）年の市制・町村制（いまの地方自治法に継承）という法令下で、七万以上あった江戸時代の村々を合併し、新しい公法人（新市町村）を誕生させる政策が進められたのである。この政策は、全国各地で起こった村民らの猛烈な反対運動の前に困難をきわめた。村人は、自分たちの入会財産が、合併後の新市町有財産に編入されてしまうことを恐れ、猛反発したのである。

明治政府は、市町村合併抵抗運動をかわすため、財産区制度を作った。これは、旧村有財産（＝入会林野等）は、名目上は新市町村の監督下に配されるが、実質的には合併前の旧村（財産区）がその管理・収益・処分ができる制度である。政府はこのような「名目公有・実質入会」という玉虫色の制度を創設することによって、村民を説得し市町村合併を進めようとしたのである。名目上の公有ゆえ財産区は非課税団体（地方自治法上の特別地方公共団体）になるという「アメ」で説得し、合併後財産区の運用上において新市町村の監視・介入の「ムチ」で迫れば、早晩、新市町村へ編入されていくだろうと、当時の為政者は考えたようである。その楽観的予測は大外れした。現在、後述する矛盾を抱えながら、山林、温泉、墓地、宅地など三七一〇の財産区が存在している(4)。

市制・町村制で入会権は、行政財産に住民が慣習に従って利用できる「旧慣使用権」として位置づけられた。ところが、西欧の法制度研究の進展とともに、入会権は私的性格を有する共同所有の一形態（総有）であると把握されるようになり、一八九八（明治三一）年施行の民法上の権利として規定された（「共有の性質を有する入会権：第二六三条」と「共有の性質を有さない入会権：第二九四条」）。入会権が、市制・町村制（地方自治法）下で公的に、民法において私的に位置づけられるという矛盾を引きずったまま、現在に至っている。財産区制度の誕生から一三〇年以上が経過し、歴史的な沿革や矛盾を知る機会もきわめて少なくなった結果、行政担当者（管財課や農林課など）はもとより、財産区の当事者も入会や財産区がどういうものか、を理解していないことが多い。昭和・平成の市町村合併が進められるたびに、新市町村と財産区の間で、トラブルが生じている。

他方、国公有や個人でもなく、企業の形態での純粋な私的経営形態への転換でもなく、原則として登記簿上無効とされた旧村、区、字、組などの名義で登記されたものや、代表者名に続けて「以下百二十名」などの連名登記されたものなど、そのバリエーションは相当数におよぶ。入会林野の場合、それらは純粋部落有林と称される。一九一〇（明治四三）年から政府はこの部落有林に新市町村編入をはかる「部落有林野統一政策」を進めたが、期待した成果はあがらず、一九三九（昭和一四）年に終焉を迎えた。

■「共」を「私」的経営団体として取り込む入会消滅政策——高度利用神話へ

明治時代、入会林野を個人や企業法人形態とし、企業的な生産活動を展開したケースも散見されるようになる。しかし、主たる生業は自給的な農業であったため、農業に不可欠な広葉樹主体の入会林野やその一部をなす茅場、採草地の重要性は根強いままであった。しかし、戦後、入会林野の自給利用は低迷しはじめる。一九六〇年には石油革命が起こり、化学肥料が普及することによって肥料としての下草や下層低木は化学肥料へ、茅葺屋根はトタン屋根へ、薪炭は石油・ガスへと代替されていった。

入会林野の自給利用の低迷は、明治以降、入会林野の扱いに手をこまねいてきた為政者にとっては好機であった。小規模な自給利用の森の営みから、大規模な商品経済利用を推し進める契機となる。その実現に向け、まず入会権を解消し、取引・投資・契約を円滑になしうる林業経営体を創設しなくてはならない。この考えのもと政府は、「林野の高度利用」を謳って一九六四（昭和三九）年に林業基本法、一九六六（昭和四一）年に入会林野近代化法を制定した。後者は、入会権の解消をはかり、個人所有、個人に分割可能な共有形態、林業生産団体などへに転換し、林業経営による「林野の高度利用」を促すことにその狙いがあった。

■為政者の入会に対するまなざし

この一連の流れで、林野利用の高度化の対極に置かれ、一掃すべきとされたのは自給利用や入会という共用・共有のしくみである。自給利用は、素朴かつ低級な利用形態であり、GDP増大になんら貢献しない。それを克服するためには、農林業の営みを工業的に組み替え、工業に引けをとらない利潤を生み出す森を作らねばならない。それこそが農村の目指すべき姿とされたのである。高度利用を阻害する入会への否定的見解は林業基本法や入会林野近代化法にかぎられたことではない。同時代に制定された農業・漁業関係法も同様であった。たとえば、一九六二（昭和三七）年改正漁業法の水産企画室の見解は次のごとしである。

「前近代的入会権的な権利行使関係は、その産業が近代化し資本主義化していく場合には崩れ去るべき性質のものであって、…〔中略〕…まさにかつて制度改革がめざした漁業における封建制度の残りか

す の一掃、漁業の産業としての確立という方向で、制度改革前の旧法の考え方をひきついだ第8条に残る入会権的なものの考え方の整理を必要とする段階に至ったのである」(水産庁企画室、一九六二年、六五頁)。

「封建制度の残りかす」で整理が不可避という見方である。このような見解は多かれ少なかれ、第一次産業のどの部門においても共通するものであり、為政者は入会権あるいは共同漁業権、温泉などの入会権的権利を私的所有に適合する形態に置き換え、自然産物をことごとく商品化する方向へ強力にいざなったのである。そのような入会林野近代化法のもとで進められた入会権解消・新たな私的生産事業体へ移行(行政用語で「入会林野整備」とよばれる)は、為政者やそれを支持した学者らの期待には程遠い結果しか残せなかった(五七万九〇〇〇ヘクタールが整備されたが、約四六万ヘクタールが未整備のまま)[5]。

第6章でも見たとおり、戦後の焼け野原での住居やビル建設に要する国内産材に対する需要の逼迫を背景に、政府は戦後、広葉樹を皆伐し、その跡地にスギやヒノキの針葉樹に転換する拡大造林政策を進めた。その波に乗り、入会林野においても、急速に人工林化が進められた。他方、政府は林業基本法と同年の一九六四(昭和三九)年には木材の関税自由化を行った。その結果、大量の需要に対しても安定した木材供給を可能とする外国産材が関税ゼロで輸入され、劣位となった国産材は競争力を失ったのである。時代を経るつれ、日本林業の状態は悪くなり、入会林野近代化法によって入会林野整備を行い、林業経営をバリバリやっていこう、などという次元の話ではなくなっていったのである。

4 非商品化経済をとらえなおす――高度利用の神話が生んだ放置と無関心

■自然を貨幣価値に収れんさせる危険

第1章で見たように、森林にはさまざまな価値が宿っている。手に取って認識できる機能や価値もあれば、他の生命体や土壌と複雑に連続してつながっていて認識しにくいものもある。土砂流失防止機能、空気浄化機能などの「森林の公益的機能」はその典型である。生態系サービスという考え方もまた、生態系には人間にとっての有用性がわかりやすい価値や機能だけでなく、直接・間接的に人間やそれを包摂する生態系全体にとっての価値や機能を明示する意図を持っている（第4章）。

入会消滅政策史に見た林野の高度化なる言葉は、森林の持つ多様な機能や価値のうち「稼ぎ頭」として認識しやすい人工林造成のためのマジックワードであった。しかし、概して高度化の意味するところは、森林の再生産の時間から大きく逸脱しない自給利用ではなく、「林の営みの工業化」つまり重厚長大型林業の確立であった（第9章）。具体的には、小規模林地の集約化、単一樹種のモノカルチャー化、重厚長大な技術導入、加工流通におけるオートメーション化であり、その過程すべてに石油をはじめ地下資源が多投される高度な技術への収れんでもあった。それは、第1章で見た森林の再生産の「リズムとしての時間」を短縮し、効率的な生産体系を作り出す試みだった。そうした重厚長大な工業的林業は巨額の投資によって可能となるゆえ、私有化による企業的経営とダイレクトに結びつくものだった。

■利用のない森の危うさ――高度利用がもたらした資産化した森のゆくえ

高度化の努力をいくら重ねても、国産材は外国産材に対抗することはむずかしく、日本林業が低迷して久しい。森に対し経済収益の価値のみを求め、その源泉となるべく造成した人工林から収益が得られない状況にあってなお、多様な樹種からなる広葉樹の森（里山）にもどすこともできない。長年にわたる人工林造成への投資に見合う利潤の回収の機会をひたすら待つしかない。しかもコストをかけず、ということになる。その結果、下刈りや間伐など保育がまだ必要な段階にあるにもかかわらず、放置されている人工林が少なくない。森が人々の意識や記憶の中にある間はよいが、放置が一定期間続けば、やがて無関心になる。世代交代で森を相続したとしても、それがいったいどこにあるのか。それすらわからないという事態が日本各地で多発している。昨今、問題になっている所有者不明林は高度利用の生み出した産物でもある。

その高度化の核心は、モノカルチャー化の徹底である。ここでは、これをたんに「モノ化」とよぶことにしよう。森林に見出す価値のモノ化（経済価値）、森林生態のモノ化（人工林）を極度に進行させた結果、①「森と人がとり結んできた関係性」、②「森をめぐる人と人との関係性」がバラバラに切断されてしまった。この両者が消失するとき、実態としての入会は消滅する。具体的には、共同作業を完全に取りやめるとき、あるいは入会林野をめぐる話し合いの場や機会を持たなくなったときである。

そこに向かわせる大きな契機をあえて、「高度化の総仕上げ」とよぶとすれば、それは所有者が第三者に森林経営を任せ、収益行為のみを行う契約利用の段階に見出せるかもしれない。実際に森林に入りもせず、収益を受け取れるようになれば、当人らにとって共同作業は必要なくなる。次第に、彼らにとって入会林野の価値は、通帳の預金残高だけになっていく。鬼頭秀一の言葉を借りるなら[6]、高度化の産物は、地域の人と森との関係性や文化が捨象された「切り身」と化したスギやヒノキ（材木）なのである。どのような地域で、どのような人々に、どのように育てられて一本の立派な樹木となったのか。さらには、どのように加工され、買い手の目の前まで運ばれてきたのか。その全体像が「生身」であり、買い手の目の前にある材木が「切り身」である。

とりわけ問題なのは、消費者でなく生産者たる所有者（入会権者）にそれがわからないことである。しかも「切り身」＝加工された材木すら見ることもないかもしれない。彼らが、確信を持ってわかることは、売却後に振り込まれた通帳残高だけである。それが彼らにとっての森の価値となり、かつ唯一の接点となる。もちろん、このような「究極の切り身的関係」に陥ることに抗し、共同作業や会合を続け、「人と森とのかかわり」を続けることで「究極の切り身」化を避けんとする入会もいまだ少なくない。

が、そうでない場合、トラブルを抱える事態になっている。林業が活発な時代の預金を持つ入会集団は少なくない。送電線が林地上を通っていれば電力会社からの補償金が入り、ゴルフ場として貸与すれば賃貸料が入る。資産化した入会林野は、新規住民をメンバーとして迎え入れる阻害要因となる強い排除の原理となる。そういった資産が、メンバーの森への関心を生み出し、実際に森に関わる姿勢を生む方向へは傾きにくい。森だけでなく実労や会合など具体的な人と人との関係性をともなう役に就くわずらわしさが、みんなで森の資産を地域に活かそうという気持ちよりも強いからである。「切り身化」が進むと、森だけでなく森に関わるメンバーどうしのつき合いまでも煩わしくなり、可能なかぎり役職などに就かないよう運営から距離をとる傾向が強まるのだ。そういうメンバーの敬遠姿勢に乗じ、役員が預金を使い込むなどの不法行為が散見される事態にもなっている。

■日本的土地所有権の特質――商品化の貫徹

都市における土地問題の考察を深めた法学者・吉田克己は、①土地所有権の強大性、②土地所有権の脆弱性、③土地所有権における商品性の貫徹の三点からなる「日本的土地所有権あるいは日本的所有観念の特質」を抽出している[7]。これは、山野海川において垣間見ることのできる所有関係にも当てはまる。吉田は、①については企業の用地確保などの土地問題が、市民の居住空間や生活環境の確保の問題に優先したかたちで、強大な土地所有権が形成されてきたこと、つまり、同じ土地所有権であるにもかかわらず、企業と市民の間のいちじるしい土地所有権の差を内在させながら、強靭化がはかられていったことを指摘している。②は、①で見た企業と市民の間の格差を市民側からとらえた視点である。たとえば鉄道会社などにともない、沿線の個人の所有権が制限を受ける際、個人の所有権が不思議なまでに脆弱になるということである。③は、本章で考察してきた高度利用が私的所有の強靭性を正当化するということである。より大きな経済価値を生み出す主体の私的所有権が強く主張され、そのような政策が都市で遂行されてきたことが生み出す問題を指摘している。吉田は、法の論理が高度利用至上の経済に従属していることを鋭く指摘している。

本章で見てきた日本の入会消滅政策は、ＧＤＰ増大に資する高度利用至上の経済の論理を徹底することにその核心部があった。森林の持つ連続性や更新サイクルに要する時間などの制約を、工業技術によって可能なかぎりコントロールする一方、投資と利益を確たるものとするために、私的所有を拡大・強化することがなにより重要であった。そのためには、入会集団ではなく、高度化の名に値する私的林業経営主体を作り出すことが必要だったのである。それらの経営主体がＧＤＰ増大に貢献する林業ができて、はじめて高度化は実現し、それが正当性の基盤になって、さらに私的所有権が強化されていった。その対極にある脆弱な立場として位置づけられたのは、森林の更新サイクルの範囲内で営まれる非商品化経済下にある自給利用と共用・共有の世界であった。

森林における高度利用・所有権の強大化と商品化の貫徹は、先に述べたとおり、たしかに多くの益を生み出してきた。しかし、同時に現代社会における癒しがたい病巣として私たちの眼前に立ちはだかる深刻な問題を引き起こしている。次章でそれを見ていこう。

●読者への問い：
現代社会において、コモンズとしての森をどのように創造していけばよいだろうか。とくに、古くからその土地に住む人たち（入会権者）だけでなく、新規の定住者や流域に住む人々が森づくりに取り組んでいくとき、どのような可能性と課題があるだろうか。入会の歴史・教訓を振り返りながら、議論してみよう。

注

（1）齋藤暖生・三俣学「コモンズのメンタリティ――京都におけるマツタケ入札制度の成立と変容」秋道智彌編『資源人類学』第8巻、弘文堂、二〇〇七年、一六三-一八六頁。
（2）三俣学「〝グローバル時代のコモンズ管理〟の到達点と課題」『グローバル時代のローカル・コモンズ』ミネルヴァ書房、二〇〇九年、二六三-二七五頁。
（3）室田武・三俣学『入会林野とコモンズ――持続可能な共有の森』（日本評論社、二〇〇四年）を参照されたい。
（4）泉留維・齋藤暖生・浅井美香・山下詠子『コモンズと地方自治――財産区の過去・現在・未来』日本林業調査会(J-FIC)、二〇一一年。
（5）とはいえ、近年、人工林造成という観点でなく、数世代を経て膨大かつ複雑になった部落有林の権利者確定や所有者不明の部落有林の整理目的から、入会林野近代化法による入会権解消の可能性に関する議論がなされつつある。この点については、高村学人・山下詠子「表題部所有者不明土地適正化法の入会地へのインパクトと求められる探索的調査」（『入会林野研究』第四一巻、二〇二一年、二一-一五頁）を参照されたい。
（6）鬼頭秀一『自然保護を問いなおす――環境倫理とネットワーク』ちくま新書、一九九七年。
（7）吉田克己「土地所有権の日本的特質」原田純孝編『日本の都市法Ⅰ――構造と展開』東京大学出版会、二〇〇一年、三六五-三九四頁。

第8章 森林エコロジーの劣化と遠ざかる森

前章では、入会の消滅政策の軌跡を振り返り、現代の森林が利用されていない状況を概説した。本章では、森林の過少利用問題、すなわち利用されず放置されている森林にどのような問題が潜んでいるかを確認したい。その説明に入る前に、森林の枯渇と回復を扱った既存理論にふれておこう。

1 森林の「充実」を説明する理論

私たちは、人間の経済的な営みが森林に負荷をかけ、破壊してきたことを知っている。破壊すれば、人間に多大な影響をおよぼす森林について、破壊から回復・充実のプロセスを探る研究が多くの分野で手がけられてきた。経済学からは森林版環境クズネッツ曲線(1)、森林政策学では森林資源U字型曲線、地

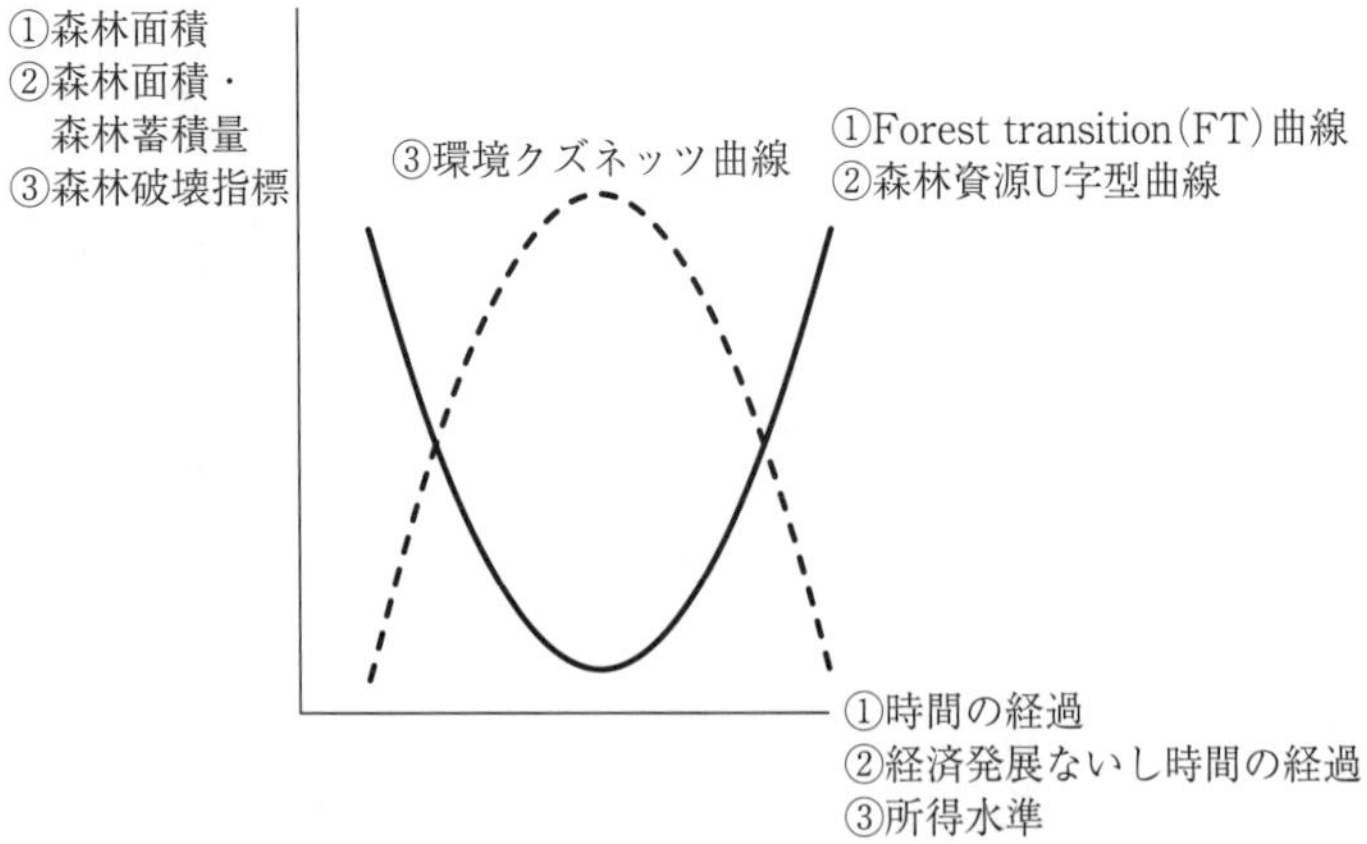

図8－1　森林の「ゆたかさ」と経済の関係――3つの曲線
（出典）坂本ほか（2014）にもとづき筆者作成。

理学ではForest transition（FT）曲線がある。[2] これらは、森林資源と時間や経済発展の関係を、U字もしくは逆U字型の曲線を描くことを基本とし、曲線自身の成否の検証、森林破壊・回復の要因の解明に挑もうとする点に類似点がある。それぞれの関心分野の違いから、説明変数と被説明変数は異なり、U字と逆U字の差異にもなる。U字を描くものとして、①FT曲線（縦軸が森林面積・横軸は時間の経過）と②森林資源U字型曲線（縦軸が森林面積ないし森林蓄積・横軸は経済発展ないし時間の経過）がある。この両者は同じ形状をとる。他方、逆U字を描くものとして、③森林版環境クズネッツ曲線（縦軸が森林破壊指標・横軸は所得水準）がある。これらを一枚にしたものが図8-1である。

各国のさまざまなフィールドにおいて、これらの手法による分析が進み、GDPの増大、経済発展や時間推移がどのように森林破壊と回復に関係しているか、破壊のプロセスはもとより、破壊から回復への閾値（底点）は

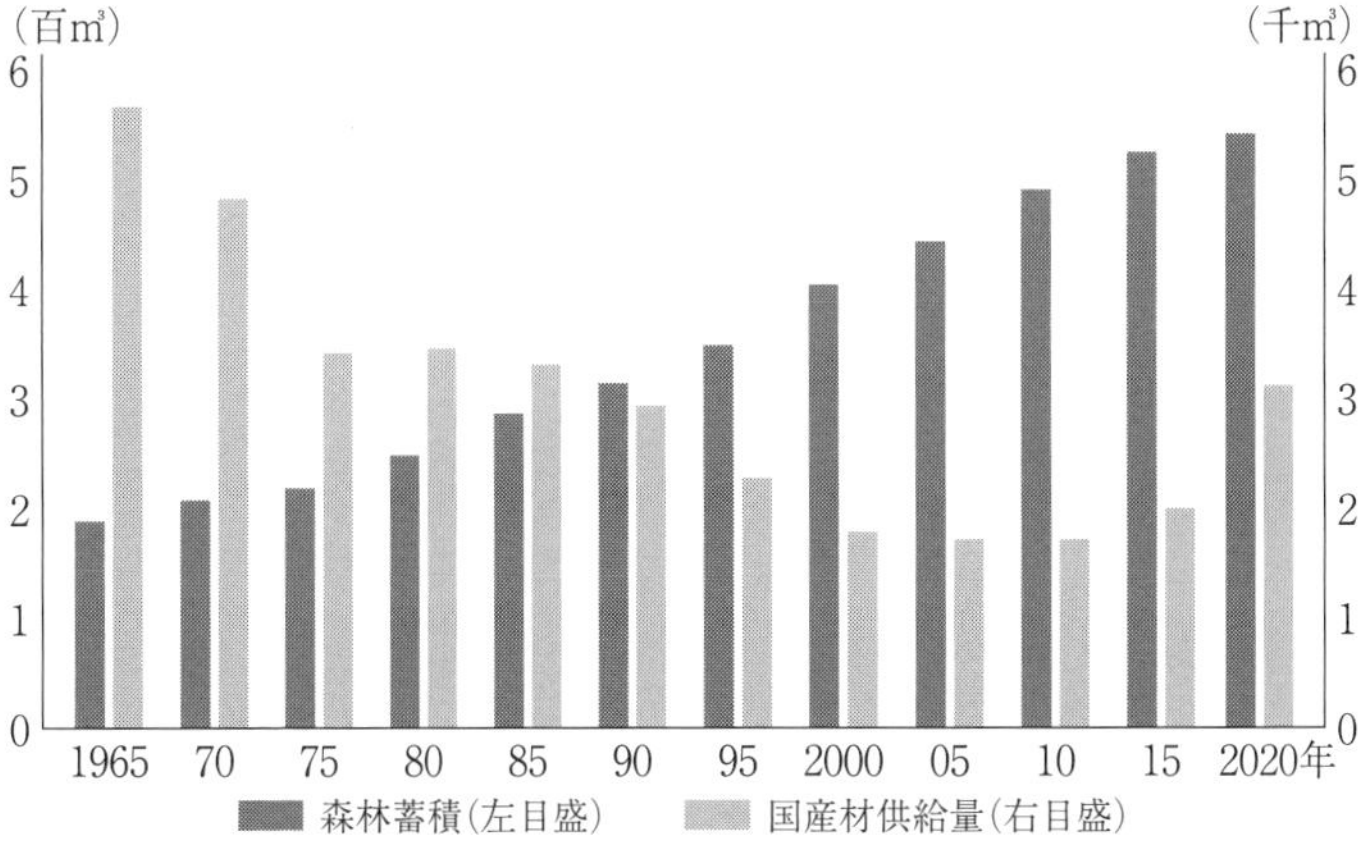

図８－２ 日本国内における森林蓄積と木材生産量の変化

（出典）林野庁統計資料にもとづき筆者作成。

どの程度のＧＤＰ水準で起きうるのか、さらには、回復がどのような経路で起こるのかが明らかにされつつある。

これらの議論は説得的で示唆に富むものである。しかし、いくつかの問題をもある。ＦＴに限ってみると、破壊されるプロセスの原生林と回復後の二次林の区別がなされず質の相違が議論から抜けている、森林面積の動態を細部まで検討しきれていない、メカニズムの解釈に幅がある、途上国への適用困難（とりわけ、森林の行方が案じられるアフリカでの研究がほとんどない）、などの限界が指摘されている。破壊・回復の遷移には、人々の森林減少に対する危機意識、技術革新、都市化、木材不足、政策、グローバリゼーションなどの複数の要因が指摘されている。とりわけ注目しておきたい指摘は、経済発展やＧＤＰの増大が都市化を促し、グローバルな貿易体制に暫時組み込まれることで森林が回復するという「欧米型の近代化論」に強い親和性を持つことへの批判である。

日本の森林の過少利用問題を振り返るとき、グローバリゼーションや先進国の経験を途上国に適用する理論の危うさが見えてくる。先進国にとっては、他国から安価に手に入れた環境資源に依拠し、自国の自然は温存できる。たしかに、日本の場合も森林蓄積量は増加の軌跡をたどってきた（図8-2）。しかし、その内実に目を向けてみると、どうだろう。年々蓄積される森林は、木材として使われる機会を失い、放置される一途である。ならば、多くの人が森にアクセスし疲れた身体を休め、森の恩恵や機能を理解できる「日常的かかわり」が増えているかというと、そうではない。つまり、他国における森林の過剰伐採や収奪のうえに、日本国内に温存したつもりの森林を使わないことで劣化させてしまっている、という皮肉な状況が起こっている。さらに資源・環境問題という視点から、より注意深く目を向けておくべきことは、木材資源の国際輸送・流通をはじめとする大がかりな木材貿易のしくみが大量の化石燃料の消尽によって成り立っている、ということである。こうして見たとき、過少利用問題は、他国における森林の過剰利用や破壊、大量の枯渇性資源の消費のうえに成立する一方、自国の森林も腐らせるという「矛盾に満ちた持続不可能な経済」の典型であるといえるだろう。

2　過少利用の森林が抱える諸問題

人間社会が歴史的に経験してきた森林問題といえば、もっぱら過剰利用や利用の衝突に端を発するものであった。森林が利用されないことによる弊害というのは、ほとんど想像されることはなかっただろうし、むしろ利用の手が弱まることは喜ぶべきこととされてきた。しかし、近年になって私たちは、ゆたかに回復してきたはずの森から、脅威を感じる機会が多くなってきた。みなさんには、思い当たる節はないだろうか。たとえば、大雨の際の水害の激甚化やクマやイノシシなどによる獣害問題などがあるだろう。これらはまったく別個の問題のように見えて、森林の過少利用の帰結でもあるのだ。森林を利用しないことがどのように問題となって現れてくるのか、見ていこう。

■水害・土砂災害

かつて、日本では集中的に大水害を経験する時期があった。それは、明治末期や第二世界大戦の終戦後まもない時期で、その背景として、乱伐による森林の荒廃があった。いわば、森林の過剰利用が水害の激甚化をもたらしていた。では、森林が十分に回復した現代においては、森林は水害の悪化に加担しなくなったのだろうか。

二〇一八（平成三〇）年には中国地方を中心に、一九（令和元）年には関東地方、二〇年には九州地方を中心に、甚大な被害を伴う水害が発生した。もちろん、こうした大規模な水害が発生した要因として、気候変動による極端な豪雨の発生が大きいのはたしかだろう。一方で、森林が水害の規模を大きくした可能性があるという指摘がある。さらにいえば、森林の専門家の間では、最近の森林の状態が土砂災害を引き起こす懸念が指摘されて久しく、警鐘も鳴らされてきていた(3)。

土砂災害に悪影響があると指摘されている森林は、管理不足とされる人工林である。第5章で見たよ

写真８－１　管理されなくなった脆弱な人工林

うに、日本における人工林は、基本的に木材を生産する目的のモノカルチャーである。

とくに問題となるのが、日本の人工林のおよそ七割を占めるスギやヒノキの植林地で、これらの樹種が林冠を覆うと、林内は草木の生育には適さないほどに暗くなる。適時に間伐されるのであれば、光が林床まである程度射し込み、林床は草や低木で覆われるので、それが森林の土壌を保持する役割を果たす。しかし、現実には、間伐作業はコストが多くかかるのに対して、木材を販売してそれに見合うだけの収入が見込めないことが多い。こうして、必要な間伐がなされず放置されたままの人工林が全国的に広がることになってしまっている（写真8-1）。

林床に草木のほとんど生育しない森林も、平地あるいは緩傾斜地に立地しているのであれば、さほど問題とはならない。しかし、山がちな地形の日本では、森林はほとんどが急傾斜地に立地している。急傾斜地において、草木が地表を覆っていないとなると、強雨が降った際に、地表の土壌が流出することになる。さらに、ひどい降雨があると、森林土壌ごと流下する現象が引き起こされ、このとき、流木も大量に発生し、これが被害をさらに激甚化させることも指摘されている。このように、降雨や土砂流出に関する森林の影響を詳しく見ると、水害を助長する場合があるのである。そうした状況を作り出しているのが、モノカルチャー的な人工林を適切に管理できていないことであり、この根っこ部分に過少利用が深く関わっているのだ。

■獣害

日本において大型哺乳類は、保護されるべき生き物とされてきた。たとえば、カモシカは特別展記念物となっているし、クマは地域によっては絶滅あるいは絶滅危惧種として指定されている。シカやイノシシについても、地域的に絶滅したところが多くある。

ところが、近年になって、これら動物による被害、つまり、獣害の発生が問題視されるようになった。獣害には、農林業の被害と人的被害がある。前者については、早くから問題が認識され、二〇〇八

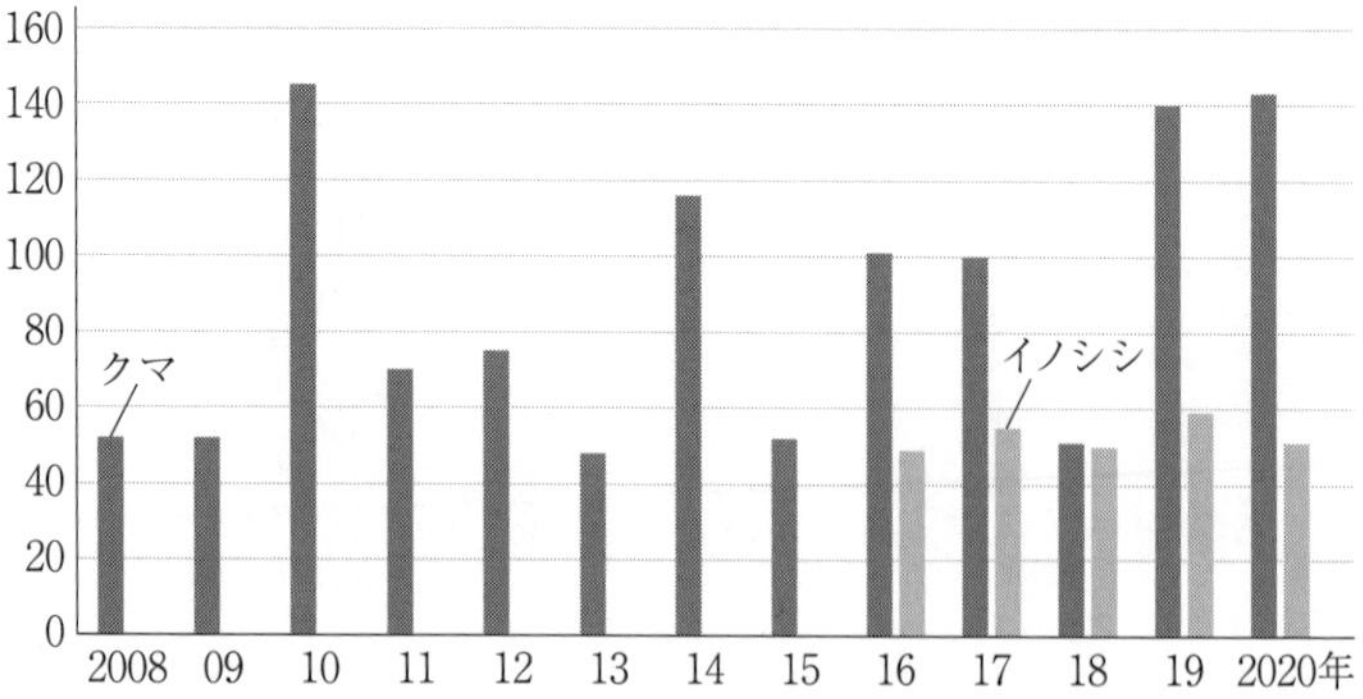

図8－3　クマ、イノシシによる人身被害の発生件数
（出典）環境省統計資料にもとづき筆者作成。

（平成二〇）年には鳥獣による農林水産業等に関わる被害の防止のための特別措置に関する法律が施行されるに至った。人的被害は、クマによる被害が増加傾向にある（図8-3）。

こうした被害の大きな要因として、野生動物の増加があることは間違いない。これは、かつて希少な存在にまで追いやられていたことを考えると、喜ぶべきところがある。生息数が回復した野生動物と人間社会の折り合いをつけるには、個体数の過剰な増加を制御するとともに、人間社会に出てこないような棲み分けをはかることが必要とされる。

個体数の制御がむずかしくなっている要因として、狩猟者の減少や高齢化が指摘されている。こうした現状に対して、狩猟者を増やす取り組みや、駆除に対する補助金の支給が対策として講じられてきた。さらに最近では、食肉（ジビエ）としての「利用」を促進することが必要だと認識されるようになり、そのための取り組みが各地で行われるようになっている。

野生動物と人間社会の、いわば「棲み分け」のかたちが崩れたことも、獣害増加の大きな要因の一つと考えられている。とくに、アーバン・ベアなどといわれるように、都市部での野生動物と人間のコンフリクトが最近は目立っている。野生動物が頻繁に人間の生活領域に侵出する背景として、人々が生業のために山に通わなくなったという事情が指摘されている。つまり、かつては、人間の生活領域が里山とよばれるような住宅近傍の山野までおよび、野生動物の領域との幅広い緩衝帯が広がっていたが、いまは、人間の側が山野の利用から手を引いたために、その緩衝帯が限りなく狭まっている、ということである。

■生物多様性の低下

獣害発生の要因の一つとされる里山域での人間活動の低下であるが、これは、ほかにもいくつかの問題が懸念されている。その主要なものの一つが生物多様性の低下である。

林野あるいは山野などとひとくくりによばれる場合の「野」は、草原を指している。里山域にかつて広がっていた草原は、いまや日本の林野面積の一％あまりを占めるにすぎなくなっている。「野」には、秋の七草のような日本文化に深く関わる植物があったりするが、こうした、いわばポピュラーだった植物も含め、数多くの植物が絶滅の危機にあるとされている。当然ながら、それを食草とするチョウなど、数多くの昆虫の絶滅が懸念されている。かつては、田畑の肥料、牛馬の飼料、茅葺屋根のカヤを採取するために盛んに利用されていたが、このような利用を目の当たりにした経験のある人はどれだけいるだろうか。日本の風土で草原が維持されるには、草刈りや火入れによる攪乱が必要であるが、草原の利用価値が乏しくなったいま、こうした管理行為は継続しがたいのである。

草原のほかにも薪炭林あるいは農用林といわれた森林（二次林）も、かつてのような利用、つまり薪炭材や、柴草、落葉の採取が行われなくなったことにより、里山の二次林の環境は変化した。たとえば、万葉集に詠まれるなど古くから親しまれてきたカタクリは、春に陽光が林床まで降り注ぐ里山二次林に多く見られた。カタクリは春植物（スプリングエフェメラル）といわれ、上層の木が芽吹く前に明るい林床で真っ先に花を付け、種子を作り、木々が葉を広げ終わるころには、長い休眠期間に入る。ところが、利用されなくなった里山では、林床近くに草木が繁茂したり、温暖地では常緑広葉樹林への遷移が進むなどして、林床まで陽光が届かなくなってしまう。カタクリのほかにも、二次林の利用後退により住処を失う植物は多く、その影響を受ける昆虫も多く存在する。

■アメニティの低下

日本では大きな問題としてとらえられない傾向があるが、景観変化による農山村のアメニティの低下も、過少利用によってもたらされる問題である(4)。人の手が入らなくなった人工林は、暗く、ときに倒木の危険があるなど、多くの人にとって快適に過ごせる場所ではない。また、里山域での過少利用も、日本人が慣れ親しんできた「野」の風景の消失や、温暖な地域では二次林が照葉樹林に遷移することにより季節変化のない景観、つまり春の新緑や秋の紅葉などが失われる、といった事態に帰結する。こうした森のアメニティの低下は、次節で説明する問題にも深く関わっている。

3　遠くなった森が生み出す世代を超えた問題

■人と森林との心理的・物理的距離

過少利用問題を「人と森林の距離感」という視点から見てみたい。たとえば、経済利益を多く生むような人工林の所有者が、その森に無関心になることは考えにくい。長年、森林育成にかけた投資をすこしでも多く回収しようと努力するからである。それは、ともすれば過剰利用（乱伐によるはげ山）になったりもするだろう。彼らは、自らの伐採行為がたとえ乱伐であったとしても、下流域の住民らから文句をいわれたくはない。また、流域住民などの第三者がそのような人工林で散策することはできるかぎり排除したいと考えるだろう。(5) もしそれを許せば、散策者が乱伐を厳しく非難するかもしれないし、散策者が高値で売れる木々に傷でもつけようものなら、その経済的価値が下がるからである。ここで重要なことは、所有者には森林に対する経済的関心がある一方、第三者もまた、乱伐による土石流被害防止という点で、当該森林に関心を持たざるを得ないということである。つまり、両者にとって森林が興味・関心のうちにとどまりやすい。

他方、過少利用問題はどうであろう。第6章で述べたとおり、日本は政策主導で人工林が作られてきた。しかし、収益を生まない人工林に対して、所有者らは無関心になり、放置することが多くなった。あるいは、やむにやまれずに放置を続けた結果、時が経つにつれ無関心となり、その存在すら忘れていった。一方、所有者以外の第三者はどうだろうか。過少利用による森林の水源涵養機能や土砂流出防止機能の劣化が認識されないかぎり、とりわけ自分自身に対する直接的な被害を受けないかぎり、当該放置林には無関心になる。過少利用による森林劣化は、過剰利用、たとえば乱伐ほど明確に現れるわけではない。はげ山は、視覚を通じてその実態と問題が伝わりやすい。また、乱伐によるはげ山化と洪水との因果関係は、第三者に直観的に認識されやすい。

現代日本における森林の問題が、過剰利用から過少利用に転じていることの危うさはこの点にある。過少利用は、「問題」として可視化されにくいゆえ、所有者も第三者も森林を放置する構造が生み出され、ゆくゆくは関心を失う事態に陥ってしまう。この無関心と放置の連鎖を断ち切るためには、直接的な自然体験を通じて育まれる森林への親しみや理解がたいへん重要になる。

■若年層の自然離れ

では、「体験を通じた自然への深い理解」を促す体験はどの程度なされているのだろう。とりわけ、次代を担う若年層が自然に直接ふれ、理解を深める機会は、今後「人と森林の関係」を結び直していくキーになる。ところが、そのような若年層の自然体験は減少傾向にある。森林をはじめ、川や海などでの自然体験の機会の減少は、野外活動の技法やマナーに関する知識不足という問題だけでなく、児童・生徒らの体力や運動能力の低下、ひいては、心身疾患の増加などの問題と関連して認識されるようになった。文部科学省では、このような問題の解決をはかるため、政策面で検討を行いはじめた（文部科学

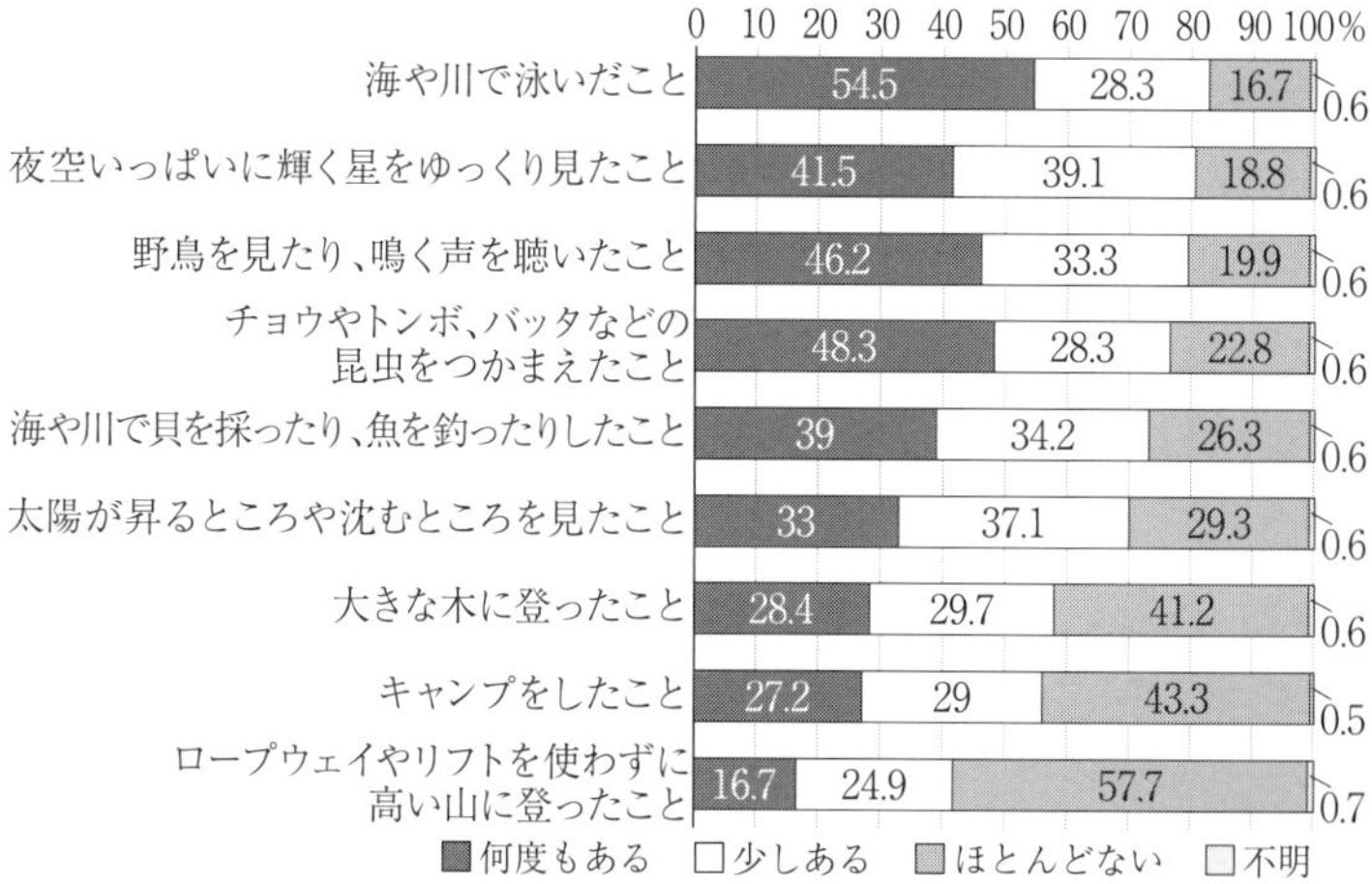

図８－４　若者の自然体験の実態（2016年度調査）
（出典）国立青少年教育振興機構のデータにもとづき筆者作成。

省、二〇一二年）。基本データを提供してきたのは国立青少年教育振興機構である。同機構は、一九九八（平成一〇）年から青少年の自然体験活動に関する全国規模の調査を実施している。ここでは、同機構のデータを主として話を進めていこう。

まず、二〇一六（平成二八）年度の『青少年自然体験活動に関する実態調査報告』から、若年層がいかに自然離れの傾向にあるかを確認しておく。この調査は、小・中・高八七九校、児童・生徒一万八三一六名に対して実施されたものである。[6] 図８‐４は、自然体験についての各質問群への回答分布の割合を示している。体験が「ほとんどない」という回答の下位三項目は、「大きな木に登ったこと」（四一・二%）、「キャンプをしたこと」（四三・三%）「高い山に登ったこと」（五七・七%）となっている。

これら項目について経年の変化も見ておこう。対一九九八（平成一〇）年において二〇〇五（平成一

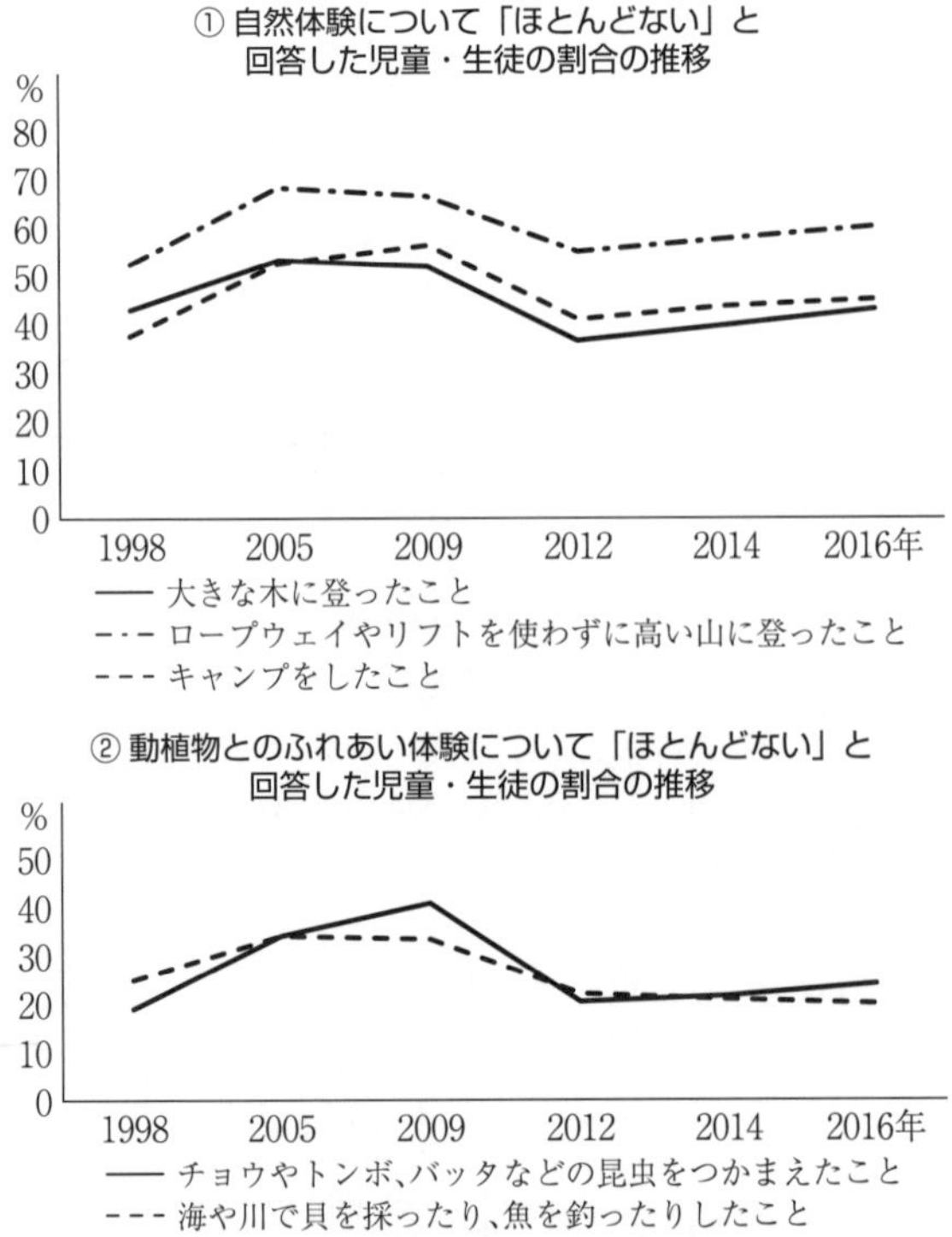

図8－5　若者の自然体験の経年変化

（出典）国立青少年教育振興機構のデータにもとづき筆者作成。

七）年調査では、これら三項目すべてにおいて「ほとんどない」が増加し、その後、若干の減少、そして微増の傾向となる。これに加え、採取系の二項目も加えてみると、昆虫採取については二〇〇九（平成二一）年まで「ほとんどない」が増加し四割を超え、その後減少から、微増傾向となっている（図8-5）。

二〇〇五（平成一七）年以降、回復基調にあるとはいえ、概して若年層の自然離れが進行していることが見て取れる結果となってい

表８－１　自立的行動習慣に関する指標

自律性	積極性	協調性
・人の話をきちんと聞く ・ルールを守って行動する ・まわりの人に迷惑をかけずに行動する ・自分でできることは自分でする	・困ったときでも前向きに取り組む ・自分の思ったことをはっきりという ・人からいわれなくても、自分から進んでやる ・先のことを考えて、自分の計画を立てる	・困っている人がいたときに手助けをする ・友達が悪いことをしていたら、やめさせる ・相手の立場になって考える ・誰とでも協力してグループ活動をする

（出典）国立青少年教育推進機構『青少年の体験活動等に関する意識調査』（2019年度調査）、４頁の表２－１－１を転載。上記の各項目は『青少年の体験活動等と自立に関する実態調査』（2006年度調査）。

る。ここで気になるのは、若年層の自然離れが、彼らの持つ他者との関係性（社会関係）にどう影響をおよぼしうるか、ということである。

同報告書では、表8-1のような質問項目群を得点化することによって、「自律性」「積極性」「協調性」の高低を定め、「自然体験が豊富な子供ほど、自律性、積極性、協調性が身についている」と述べている。さらに興味深いことに、アンケート結果をクロス集計した結果、「自律性、積極性、協調性が身についている子供ほど、自己肯定感が高い」「自律性、積極性、協調性が身についている子供ほど、携帯電話・スマートフォンの利用時間が短い」「自律性、積極性、協調性が身についている子供ほど、心身の疲労を感じることが少ない」という結果を示している。自然体験の多寡が、自律性・積極性・協調性を生み、それら三つの性向の強さが自己肯定感、スマホやゲーム依存や心身の疲労感をやわらげる傾向を示している。この結果は、森林の癒し効果研究にも通ずる視点を提供している。

こうした若年層の自然体験をはじめるきっかけとして、北欧においては、家族の存在がきわめて重要な役割を果たしている。[7] 同報告書でもその点に着眼しており、回答者の保護者に対しても、同一内容のアンケート調査を行っている。その結果によると、自然体験が豊富な保護者の子供ほど自然体験の機会が多い。[8] 就学前、就学後の教育課程における自然体験は、人格形成にも影響を与える可能性がある。そういった点でも、学校林などの教育的利用を促進していくことは大切である。現代日本の森林の過少利用は、人工林の木材利用（経済的利用）に限られた話でなく、若年層の自然離れというかたちになって現れていること、その負の効果が大きいことをここで確認しておきたい。

■自然離れの負のスパイラル

曽我昌史らの論文よれば、若年層の自然離れは日本だけでなく、他国においても同じ傾向が見られる。[9] 同論文は、自然離れの原因として次の二点あげている。

一点目は、自然環境とふれあう機会の喪失である。経済発展にともない都市化が進むと、人と自然との物理的な距離は広がり、人々にとって自然環境は身近な存在ではなくなる。中国、フィンランドにおいて、都市部よりカントリーサイドに暮らす子供のほうが、野外活動への参加体験が多い。

二点目は、自然に対する志向性（orientation）の喪失である。オーストラリアにおいて、自然に対する親近感と緑地の来訪頻度に有意な関係があることが指摘されている。さらに同論文では、機会と志向の喪失から自然体験の消滅が起こり、①健康・福祉に対する影響（健康・福祉の面では、心臓病や糖尿病

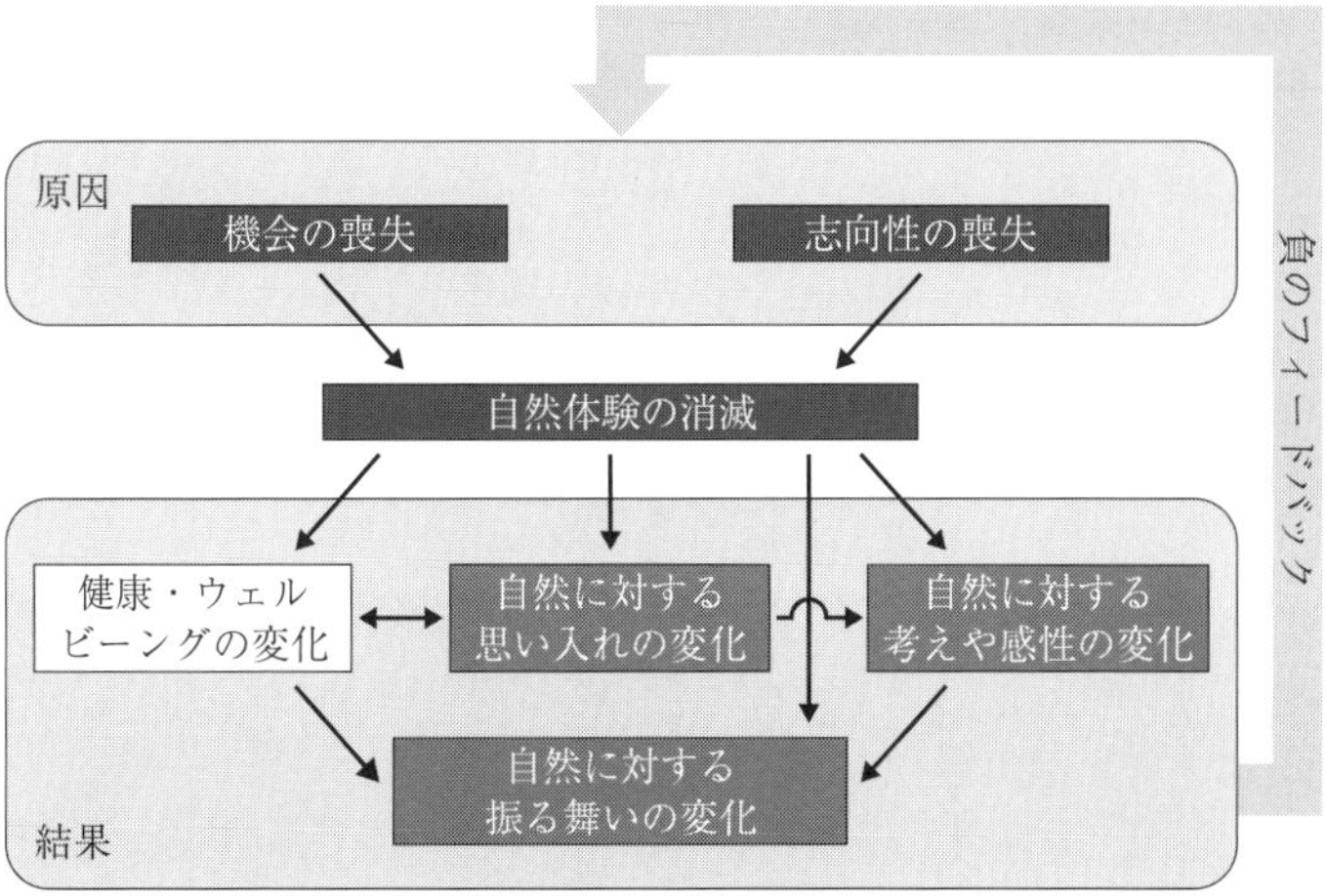

図８－６　自然離れを引き起こす負のスパイラル

（出典）Soga and Gaston（2016）にもとづき筆者作成。

など）、②精神に対する影響（幼少期の自然体験活動が成人後の自然に対する関心など）、③自然に対する考えの変化（香港では、緑化への支払う意思を有する人のほとんどが緑地来訪体験者）、④自然に対するふるまいへの影響（ハイキングや野鳥観察を行う人は、環境に配慮した消費生活を送ることや選挙において環境に関与する立候補者に投票する可能性が高くなる）を引き起こすことが指摘されている。

そして、それぞれが相互に影響を与え合って、「負のフィードバック循環（feedback loops）」が起こり、悪循環が加速する。その結果、自然離れから引き起こされる諸問題は、一世代にとどまらず、次世代へと引き継がれてしまう。若年層ほど、他の人の自然離れ現象から受ける影響が強いことも、同論文で指摘されており、若年層の自然離れは、親世代・祖父母世代から続く負のフィードバック（世代間にわたる負のフィードバック）によって生じてきたことも同時に理解できる（図8-6）。

深刻な危機は、この負のフィードバックの再生産によって、森林での遊びや森林を巧みに使う技術、各地に息づいてきた森林文化が消失してしまうことである。

私たちは、どのようにして自然離れ状態を脱却・克服していくことができるだろうか。そのヒントを求め、第9章に移ろう。

●読者への問い：
本章では、利用の低迷あるいは現状の放置によって発生する問題について、自然とりわけ森林を対象に見た。森林以外でも、同種の問題が起きていないだろうか？

注

（1）一九五五年に経済学者のサイモン・クズネッツ（Simon Kuznets, 1901-1985）が、横軸に経済発展の指標、縦軸に所得の不平等の指標をとると、図8-1③のような逆U字（上に凸な曲線）のクズネッツ曲線が得られるという仮説を実証研究にもとづき提示した。一九九〇年代になり、環境破壊を縦軸にとったかたちで応用されたのが、環境クズネッツ曲線である。

（2）森林資源と時間や経済発展の関係性に向けた三つの仮説や曲線、それらの解釈については、以下に詳しい。坂本美南・永田信・古井戸弘通・竹本太郎「森林面積の推移に関する研究動向」『林業経済』第六七巻第一号、二〇一四年、一-一六頁。

（3）たとえば、太田猛彦『森林飽和』（日本放送出版、二〇一二年）。

（4）ヨーロッパ諸国では、景観への関心が高く、景観保全のためのさまざまな公的支援制度が構築されている。たとえば、牧畜が生み出してきた景観の危機は、経済的な競争力低下によって牧畜が衰退する（過少利用になる）ことによってもたらされるため、牧畜を営む農家に所得保障をして牧畜を継続してもらう、というような方策がとられている。

（5）皆伐が目にあまる場合、公的部門が介入する。ちなみに樹木を伐採する場合、森林法第一〇条の八にもとづいて、実施者（所有者をはじめ収益権限を持つもの）は、都道府県の関係部署に届けなければならない原則がある。

（6）アンケート調査項目は、自然体験だけでなく、生活体験、生活習慣など幅広い。他年度の情報、比較の際のデータ処理などについては、国立青少年教育振興機構のウェブサイトを参照されたい。また、海に特化した同種の調査報告（日本財団）があり、海に親しみを感じない一〇代の若者が四二・五％にのぼることが指摘されている（https://uminohi.jp/special/survey2017/）。

（7）三俣学「人と自然の多様なかかわりを支える自然アクセス制」日本生命財団編『人と自然の環境学』東京大学出版会、二〇一九年、六一-八四頁。

（8）さらには、そういった保護者の子供ほど、生活体験（雑巾絞り、料理、子どもの世話など）や、お手伝い（おつかい、ごみだし）をよく行うという結果が示されている。

（9）Soga, M., and Gaston, K.J., "The Extinction of Experience: the Loss of Human- Nature," *Frontiers in Ecology and the Environment*, 14(2), 2016, pp. 94-101.

第Ⅳ部　ゆたかな森林社会へ

日本版フットパスを楽しむ人々

第9章 エコロジカルな経済へのパラダイムシフト

1 近現代の経済の発展と矛盾

■農的営みの工業化

英国の産業革命に完成を見た近代は、人の手の延長程度の道具を使う社会から、石炭や石油を原動力とする機械を駆使した社会への大転換をもたらした。道具から機械への転換、再生可能資源から枯渇性資源への転換は、人間の持つ自然改変力を桁はずれに大きくした。とりわけ、石炭採掘の過程で発生する大量の地下水を汲み出す必要から改良を遂げた蒸気機関の発達は、自然改変力を飛躍的に大きくした。と同時に、石炭という枯渇性資源の使用により、自然の循環では容易に無毒化できない物質が生み出された。

休む必要がない機械は、気まぐれを起こすでもなく、人間にとってわずらわしい仕事を引き受けてくれる。効率よく生産活動を営む工場主は、利潤をあげ、さらに投資をすることで生産体制を拡大していった。イギリスの産業革命に続いて、他国もまた工業化による富の増大路線を追随し、現代に至っている。資本主義、社会主義を問わず、工業が富の増大をもたらす手段として受け入れられていったのである。

近現代社会の最大の問題である公害について述べる前に、まず私たちが気づきにくい工業と農の営みとの関係性にふれておきたい。工業といえば、いま、あなたの手元のスマホなどの電化製品、それに自動車などをイメージするだろう。それらと農業とは無縁のようにも思えるかもしれない。しかし、農林漁の営みもたえず工業化されてきたのである。それは農の営みに固有の制約を乗り越えようとしてきた人間の努力の証であるが、同時に多くの問題を生み出した。

第1章で見たとおり、農林漁業の営みは生命系ゆえの特性を持っている。それは可能性であり制約でもある。農林漁業の営みの歴史は、一定周期で半永久的に再生できるゆえ、人類史とともに長い。一方、再生産は生命更新の速度と規模に限られる。近代以降、この制約を工業技術、つまり「農的営みの工業化」で乗り越える試みが続けられてきた。連作を可能にする化学肥料を使った地力の維持や回復、昼夜や季節に左右されない温度調節（温室栽培や野菜工場）、さらには高度な技術を駆使した遺伝子組み換え作物などである。

表9－1　農の営みと工業の差異

	農の営み（工業化される前の農）	工業（工業化された農：近現代農業）
本質的差異（動力源・再生産）	動力源：人力・家畜・肥料としての植物 再生産：一定の周期で再生産	動力源：地下資源　石油・石炭・ウラン 再生産：表面的には拡大再生産
持続性	生命の循環に留意するかぎり、半永久的な存続できる	拡大再生産のペースを加速させれば、枯渇時期は速くなる（原動力は消尽される一方：再生産はいずれ不能）
歴史性	長い（環境親和性が高い）	短い（環境親和性は低い）
生産における時間の差異（均一性・連続性）	不均質・非連続的 生産は特定時期、特定の時間に行われる（制約大） （例：米、春に播種、秋に収穫）	均質・連続的 生産は時期を問わず連続して可能（制約小） （例：基本的に工場は、昼と夜の差異、夏と冬の差異とは無関係に操業可能）
場所規定性	高い：それぞれの作物に適合した特定の水土・気候が必要 円滑な物質循環の保証が必要	低い：移動動力源である地下資源が原動力 廃熱・廃物の捨て場さえ保証されればどこでもよい

（出典）三俣学（2014）、6頁に加筆・修正。

林業でいえば、伐採から加工までできる林業機械、石油の燃焼熱による乾燥技術、集成材の加工技術の導入などである（第5章）。要するに、表9－1の生命系の原理（左列）を工業の原理（右列）に合わせるかたちで、工業製品と同じく国際市場で競い合えば、日本林業も鍛えられる。そうすれば、工業に負けず劣らず稼ぎを生むはずだという考えで、国が率先して人工林を作ってきた。たしかに、競争は林業技術を向上させ、林業経営者の私益だけでなく、村の共益増進にも寄与した（第7章）。

しかし、経済効率性のあくなき追求は大面積の人工林を生み出し、動物も含めた森林生態系を一変してしまった。加えて、一九八〇年代から顕著になった林業不況の日本は安価な外材を輸入し、コスト高の国産材をほとんど使わなくなった。その結果、外見こそ緑で覆われてはいるものの、必要な手入れが行き届かない人工林は多くの問題を抱えている。つまり日本は、木材の輸入を通して他国で汚染をともなう乱伐などの過剰利用問題を引き起こす一方で、国内では森林資源の過少利用問題（放置や無関心）に苦しむという大きな矛盾を抱えている（第8章）。次に、近代の申し子である工業に端を発する公害に目を移してみよう。

■工業化社会がもたらした公害――「ゆたかさ」の代償

近代の申し子である工業は、消費や廃棄のプロセス以前の生産の過程で、膨大な廃物や廃熱を出して成り立っている（第3章）。工場群が河川や海に近い場所に隣接しているのは、廃熱を冷却するために大量の水が必要になるからである。廃水に含まれる重金属類による水系汚染は、広く流域社会の人々の命を奪う。川の行きつく先の海の汚染も、海ごみやマイクロプラスチックのかたちで、海の動植物だけでなく人間自身にも刃を向けつつある。工場からの廃熱は大気に逃がす必要もあり、それらは温室効果ガス、汚染物質を含む排煙による大気汚染の元凶となった。また、工業製品は土壌による分解が不可能なものも多く、廃物として投げ出され蓄積されていく。蓄積された毒性の強い化学物質の一部は地下水系を通じて染み出す、あるいは揮発して大気に放出されるなど、封じ込めておくことが非常にむずかしい[2]。生命を育むうえで重要な窒素やリンなどの物質だけでなく、人間を脅かす化学物質もまた人間の都合で線引きした境界（所有）とは関係なく移動し、生態系を循環する。

そうして、いよいよ生命系の一部をなす人の体内に取り込まれ深刻をきわめることによって、公害と認識され、大問題となる。日本でも、一九五〇~六〇年代に大問題となった四大公害病をはじめ、全国で工業化にともなう大気・河川・土地の汚染が深刻化した。公害の直接的な原因は、工業製品の生産過程で生み出される化学物質である。しかし、それのみではない。人々の欲望を際限なく増殖する資本主義経済もまた、資源枯渇や公害を生み出しながら、地球のもつ扶養力を超えてなお、財やサービスを生産・消費し続けることができるかのように膨張を遂げている。そういった人間の経済のあり方が公害を生んできたのである。

一方で、現代の経済のあり方が持続不可能であることを指摘する研究が登場してくることになる。

■不可能な無限の成長——一・七個分の地球を必要とする現代の経済

人間の経済は、自然の扶養力と廃熱や廃物の吸収・分解力を超えて持続することはできない。無限でなく有限なのである。それゆえ、地球の扶養力の大きさと私たち人間がそれをどの程度使っているかがわかれば、現代の経済社会の持続性をおおよそ見積もることができる。これを可能にしたのが、エコロジカル・フットプリント分析(以下、EF分析)である。(3)

EF分析においては、地球の扶養力や廃物浄化力をバイオ・キャパシティとよび、これを生産可能な土地や水域の面積で示す。(4)他方、人間の経済活動による自然生態系への負荷を土地と水域の面積で示した値がエコロジカル・フットプリントである。

二〇一八年現在のデータでは、地球一個分の扶養力を示すバイオ・キャパシティは二〇六億gha、エコロジカル・フットプリントは一二二億ghaと推計されている。つまり地球約一・七個分に相当する生態系を使って、世界の経済社会が成り立っている計算になる。工業先進国ではエコロジカル・フットプリントが高く、途上国では概して低い。かりに世界のすべての人たちが、現代日本と同じ水準で経済活動を営む場合、地球約二・九個分の自然生態系が必要になり、アメリカ型の場合には五個分が必要だと推計されている。地球一・七個分を使っても成り立っているじゃないかと思う人もいるかもしれない。そういう人は、他国の豊富な自然を利することで英国経済の成長を無限にした「リカードのマジック」（第3章）を思い出してほしい。工業先進国の過剰利用のツケが途上国に回っているだけ、というのがタネである。

2 エコロジーをゆたかにする経済は可能か

■広がるエコロジー経済学の世界

一九六〇年以降、自然環境の枯渇や汚染問題の解決を模索する環境経済学が誕生した。環境経済学はいくつかのアプローチに分けることができるが[5]、新古典派経済学的な自然観や方法論の限界を批判的に考察し、生態学や熱物理学などの自然科学の知見を取り込む必要性を説いているのがエコロジー経済学である[6]。エコロジー経済学をけん引してきた論者は、たとえば米国ではハーマン・デイリー、リチャー

表9－2　持続性概念の分類とエコロジー経済学の位置

持続性概念			
弱い持続性（技術中心主義）		強い持続性（生態中心主義）	
①非常に弱い持続性	②弱い持続性	③強い持続性	④非常に強い持続性
豊饒的技術中心主義	協調的技術中心主義	共同体主義	ディープエコロジー
経済成長至上主義	修正された経済成長	定常状態の経済	資源搾取を最小化する規制経済
自然資本と人工資本は代替可能な関係		自然資本と人工資本の関係はつねに補完関係	
自然環境開発による成長優先	自然環境の保全・管理	自然環境の保護	強い自然保護（原生的な手つかずの自然の美）

（出典）Turner, Pearce, and Bateman（1994：大沼あゆみ訳2001）にもとづき作成。

ド・ノーガード、ロバート・コスタンザら、日本では玉野井芳郎、槌田敦、室田武、中村尚司らをあげることができる。人間の経済を自然とは独立したシステムととらえる新古典派経済学とは異なり、エコロジー経済学は、人間の経済は生態系の一部（サブシステム）をなすものととらえる点に特徴がある。また、人間の経済がエントロピー法則を免れない認識を持っている点でもおおよそ一致している[7]。とくに日本の場合、玉野井らが交流をかさねた二〇世紀の思想家イヴァン・イリイチ、あるいは適正技術と発展様式の多様性の重要性を喚起した英国の経済学者エルンスト・シューマッハーの経済思想、さらにはその後継者（たとえばポール・エキンズ）らによる非商品化経済部門の再考を取り込んで、持続可能な経済社会を展望している点にも特徴がある。

　エコロジー経済学[8]の立ち位置を環境経済学者のデイビッド・ピアスによる弱持続性、強持続性という基準に照らしてみれば（表9-2）、エコロジー経済学は、自然資本はかならずしも代替可能ではなく、むしろ自然資本と人工資本は補完関係と見るべきととらえる論者が多いため、強い持続性に近い。国内外で多様な人たちがエコロジー経済学を展開しているが、上述した特徴や共通点を持つため、その論理的帰結にも類似性がある。たとえば、ハーマン・デイリーが提唱する持続可能な社会の三原則は、エコロジー経済学者の間でも共有可能な考え方として受け入れられている。(9)

①再生可能資源の持続可能な利用速度は、その資源の再生速度を超えてはならない。

②再生不可能な資源の持続可能な利用速度は、再生可能資源を持続可能なペースで利用することで代用できる速度を超えてはならない。たとえば、石油を持続可能なペースで利用するには、石油使用による利益の一部を風力発電、太陽光発電、植林に投資し、石油が枯渇した後も、それまでと同等量のエネルギーを持つ再生可能エネルギーを利用できるようにしておくことが必要である。

③汚染物質の持続可能な排出速度は、環境がそうした汚染物質を循環し、吸収し、無害化できる速度を上回ってはならない。

以上に加え、経済主体について付言すると、とりわけ日本のエコロジー経済学には一つの特徴がある。それは標準的な経済学における市場（私的部門）と政府（公的部門）に加え、非商品化経済部門をふくむコモンズ（共的部門）を設定している点にある。(10)

3 共的部門の再評価――一九九〇年の二つのコモンズ論

そもそも自然環境の破壊は、工業を軸としたグローバル経済（私的部門）とそれを政策的に率先し進めてきた公的部門が拡大・強化されることで生じてきた。そうであるならば、それら両部門に過剰な期待を寄せるのではなく、ながらく現在まで生きぬいてきた農の営みに根ざす小さな共同体の意味を考え直すことのほうが有益ではないか。その中にどのような自然を生かす知恵やしくみがあったのか。そして、近現代になって大きく変容を遂げた共同体はどのように生き続け、あるいは衰弱・消滅しているのか。

コモンズ論は、このような共同体の持つ意味の問い直しから誕生した。世界各国に広がる多様な自然のもと、それぞれに個性を持った共同体が無数に存在する。各国それぞれの出自を持つコモンズ論を単純化して述べることはむずかしい(11)。とはいえ、それぞれ独自の議論を出発点に持つ日本と北米のコモンズ論の画期をなす記念碑的成果がともに一九九〇年に出版されていることは興味深い。前者が多辺田政弘による『コモンズの経済学』(12)であり、後者が、北米コモンズ論をけん引し、二〇〇九年にノーベル経済学賞を受賞したエリノア・オストロムによる *Governing the Commons*(13)である。次に、それらコモンズ論の全体像を見てみよう。

■物質循環を保証するコモンズ

物質循環論（第2章）、エントロピー論（第3章）、「工業と農の営みの相違」の考察（本章）などの議論を経て、玉野井、室田、多辺田らは、エコロジー循環の最小ユニットである小地域の農林漁業の営みの持続性に注目し、山野海川の共同利用・共同所有のしくみの中に、「公」や「私」とは異なるエコロジー親和的な原理（共生の原理）があることを見出した。それらの議論をふまえ、筆者らをふくむ研究者は、地域固有のエコロジーや村の諸事情を反映した独自のルール（コモンズの内法）を創出し運用する自治力を持つ村があることを確認した（第7章）。

コモンズのルールは、村人らが小競り合い、ときに血みどろの争いを経て、作り上げられている。村内だけでなく、村と村の間にも同様に、山論や水論などとよばれる争いを経て秩序ができあがっている。それは、村の自然や事情のわからない役人が与えたルールでも、利潤最大化を目指す競争的な市場のルールでもない。コモンズの再生産を考慮に入れた柔軟性を持った資源配分・管理ルールなのである。たとえば、森の再生産を促すための山の口開け（利用の禁止を解く日時）の設定、使用可能な道具の種類、収穫可能な対象資源の種類や量、違約者の罰則などじつにきめこまかい。そのようなコモンズのルールは、共同体内の諸事情や経済社会の変化に対応するために変容してきた。コモンズ論は、「公」でも「私」でもなく、そのような各地の共同体による自治（コモンズ）を資源枯渇や乱伐などを回避する第三の主体としてとらえなおしたわけである。

■「ゆたかさ」の問い直し——コモンズを犠牲にして成り立つ近現代の経済

沖縄のゆたかな海に生きるオバアの「お金がないから貧乏だなんて誰が決めたんだろうね(14)」という問いに、強い衝撃を受けた多辺田政弘は、「共」の破壊を通じた「公」と「私」の肥大化が、近代化の本質であることを説いた。多辺田のいうコモンズは、自然環境とそれを使う人間の共的諸営為の双方を指しているが、以下では彼の考えを簡単な例をあげて説明したい。

たとえば、いま、地域住民が共用する清涼な湧水の井戸があり、あなたも毎日無償で利用しているとしよう。その地下水脈の豊饒さに目を付けた飲料水メーカーが源流域の森を買って、飲料水製造工場を作るなどの大規模開発を始めたらどうなるだろう。当該工場の大量の地下水汲み上げによって、住民たちの井戸水は枯れてしまうかもしれない。そうなると、彼らは自力で水を入手できなくなるから、スーパーでボトル詰めされた水を購入せざるを得なくなる。

では、自給的に利用してきた井戸水の商品化は、経済上どう表現されるだろうか。水源地開発や工場建設、工場労働者の雇用、飲料数の販売などによって私的部門のＧＤＰは上昇する。自給的に水を得てきた住民たちは市場で飲料水を買うことになるので、これまたＧＤＰを押し上げる。

他方、川や森に立ち入ることができなくなった近隣住民たちは、それまで天与の恵みとして得てきた山菜やキノコをスーパーで購入しなくてはならなくなる。当然、子どもたちの遊び場も減ってしまうだろう。その代替策としてテーマパークなど入園料を払って利用せざるを得ない。公共事業でこれを行えば、公的ＧＤＰが上昇する。つまり、この一連の過程では、私的ＧＤＰと公的ＧＤＰのいずれもが増大

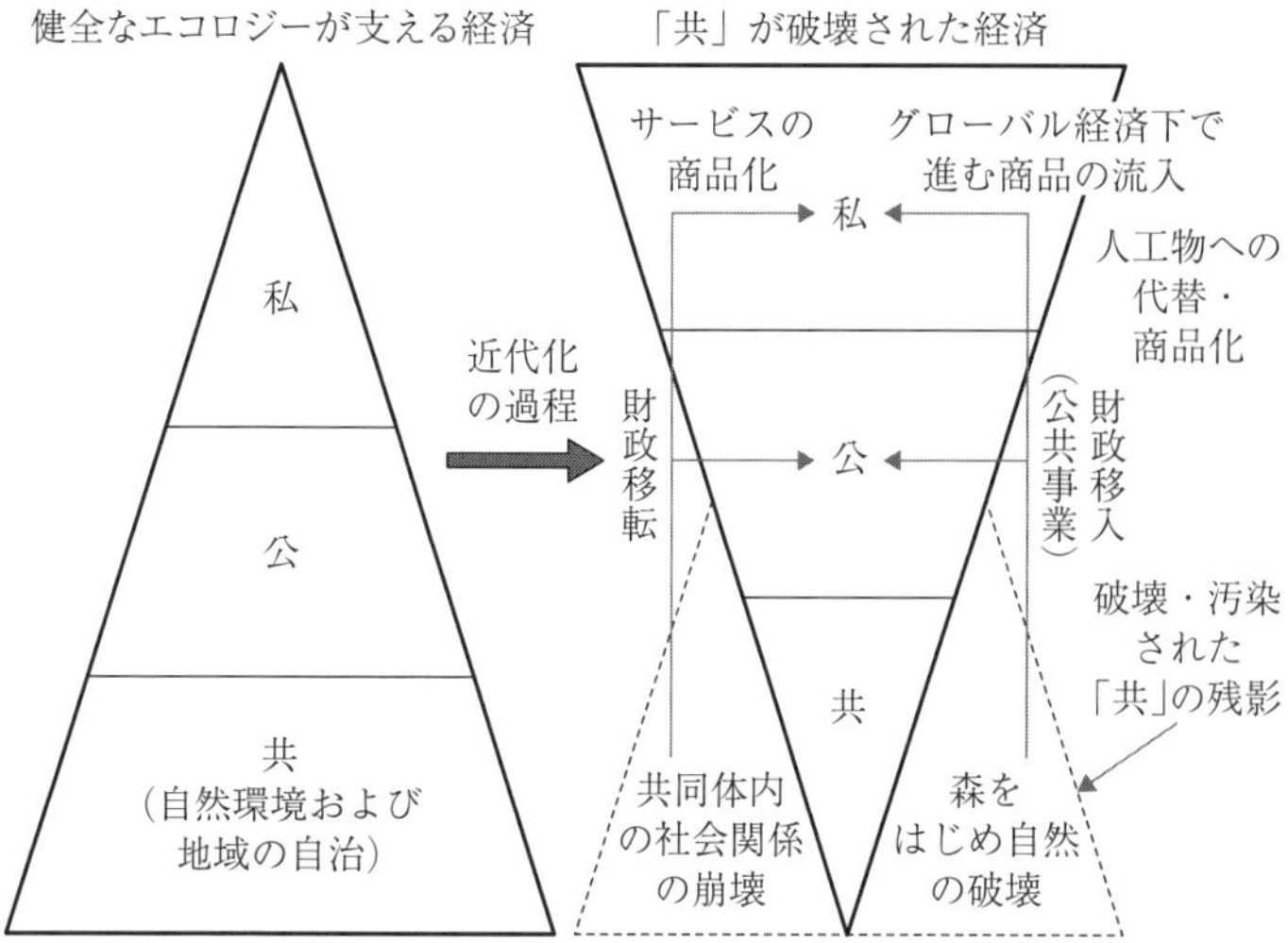

図9-1 自然と共同体の諸関係を切り崩して肥大化する近現代の経済
(出典) 三俣 (2014)、8頁を一部修正して転載。

する。注意しておきたいのは、源流開発による林地の損傷や生態系破壊の回復作業もまたGDP上昇につながる、ということである。つまり、人間にとって回避できる不幸をあえて生じさせることによってもGDPを増大させることができる。多辺田は、自然環境とそれをめぐる人々の関係性(コモンズ)を解体することによって、「私」と「公」を拡大していくことこそが、近現代における「ゆたかさ[15]」の意味するところだと説明したのであった。

この一例をしてもわかるように、長らく成長を計測する指標として使われてきたGDPはゆたかさ(ウェルビーイングや福利)を的確には表せない。先述したデイリーなどが中心となって、GPI(Genuine Progress Indicator:真の進歩指標[16])などの指標が作られてきたことを付言しておこう。

■オストロムらによる研究――CPRs概念と設計原理

北米のコモンズ論においては、ハーディン以降、コモンズという語が論者によってさまざまな意味で使われていた。ある人たちは万人が好き勝手できる無法地帯（オープンアクセスという）の意味で使い、また別の人は共同体が独自の決まりを作って管理する空間（コミューナル）の意味で使う、という具合である。また、ある場合には資源自身を意味し、別の場合には資源を使う人間の作る共的制度（共同体的所有）を意味するなど混乱があった。

そこで、オストロムは、財の持つ性質に着目し、排除性と競合性から財を定義する経済学の議論をふまえ、私的財、公共財、クラブ財に加え、コモン・プール資源（CPRs：common pool resources）を定位した。CPRsは排除性が低く、競合性が高い資源であり、森林はもとより自然環境の多くがこれに該当する。一九八〇年代から、数多くの分野の研究者を組織した彼女を中心とするコモンズ研究によって、途上国・先進国を問わず、世界各地には共同体が長期にわたり、自治的資源管理に成功した事例が散見されることがわかったのである。ただし大切なことは、オストロムは共同体がいつも成功するベストな解を導くわけではなく、喜劇（成功）にもなれば悲劇（失敗）にもなることを示したことである。共同体もまた市場や政府と同じく失敗する。そこで、CPRsの持続的管理のための条件はなにかという問いの解明に向かうことになった。世界に多くの調査拠点を設け展開した彼女たちの研究は、設計原理（design principles）とよばれるCPRs長期存続条件を検討し続けている（表9-3）(17)。

こうしたオストロムの議論は、公的、私的、共的主体がそれぞれどのようにCPRsをガバナンスし

表9－3　設計原理（長期にわたって資源管理に成功してきたコモンズから抽出）

コモンズの内部要件	1. コモンズの境界が明確であること（利用者・資源の双方の明確性 2. ①ルールが地域固有の条件と調和していること ②利用ルール（便益）と管理ルール（費用）が調和していること 3. 構成員の権限（ルール決定・修正への参加）の保証されていること 4. モニタリング（利用者・資源の双方に対する）が機能していること 5. 違約の程度に応じた制裁や罰則が存在すること 6. 利用者間のコンフリクトが迅速・安価に解消できること
コモンズの外部要件	7. 外部主体からコモンズの正当性が認められていること 8. 組織の階層が入れ子状態になっていること （例：コモンズのルールと上位機関の法律との間に大きな齟齬がないこと）

（出典）Ostrom（1990），Ostrom（2009）を要約。

ていけば、より持続的になるかという環境ガバナンスの研究に展開した。近現代の共同体は外部社会と無縁にして存立しえず、たえず外部社会の影響を受ける。共同体内の環境資源もまたそれに強い影響を受けるのである。

そうした外部社会からの影響を「外部インパクト」とよぶとすれば、その影響がコモンズに与える影響は、表9-4のようによい場合と悪い場合がある。[18] 複雑化を遂げたグローバル経済体制下のコモンズは、こうした公私両部門からの外部インパクトのプラス面を大きく、マイナス面を小さくするか、つまり「公」「共」「私」三部門のプラス面をいかに引き出すか、が重要になっているといってもよいだろう。

4　パラダイムシフトに向けた運動

現実世界で露呈した近現代の矛盾に対する批判や運動、そして思想が生まれた。産業革命期においては、共

表9-4　コモンズに影響を与える外部インパクト

領域	外部インパクト	コモンズに与える影響	
		正の影響	負の影響
私的領域	非定住化 (新規住民と離村者)	流入：よそ者（U/Iターン者）の新しい価値観や知恵⇒コモンズの刷新や活性化につながる 流出：過剰利用のコモンズの場合には資源配分が改善	流入：資源の過剰利用問題よそ者によるフリーライド 制度攪乱・内部紛争の発生 流出：資源の過少利用問題（過疎化→高齢化→コモンズの担い手問題の発生）
	コモンズの商品化	コモンズの維持・強化につながる場合あり	モノカルチャー化の傾向 資源の過剰利用・枯渇 市場価値がなくなれば資源の過少利用と放置（荒廃）
	私的企業による開発	コモンズ保全・生業の支援⇒一次産業支援型・自然再生型	コモンズ保全・生業を崩す乱開発⇒解体・消滅の危機
公的領域	公共事業	コモンズ保全・生業の支援⇒一次産業支援型・自然再生型	コモンズ保全・生業を崩す大規模事業⇒解体・消滅の危機
	法制定・改正 (近代化)	コモンズの正当性や役割を認める法制定：コモンズは法的裏づけを有し利用管理制度を強化・創出 （例：英国のコモンズ保全政策）	コモンズの正当性や役割を否定する法制定：コモンズは法的裏づけをもたず、利用管理制度は破壊・消滅の危機 （例：官民有区分政策・部落有林野統一政策）
	行政・政策	コモンズの正当性や役割を認める政策と行政 （例：条例による財産区の柔軟な運用）	コモンズの正当性や役割を否認・解体する政策と行政 （例：入会近代化、財産区の硬直的運用）
	司法判断	合理的な司法判断 コモンズは法的裏づけを有し、利用管理制度は安定化	非合理的な司法判断 コモンズは法的裏づけがなく、利用管理制度は不安定化

備考）Mitsumata（2013）のTable3-1を一部修正し和訳。

同放牧地（コモンズ）保全運動は、「公」でも「私」でもない理念をともにする人々や組織が重要な役割を担った（第12章）。他方、工場における大量生産体制が進む過程では、安価で規格どおりの工場製品は、私たちの暮らしを便利にする反面、職人の手仕事を奪っていった。これに対し、ウイリアム・モリスやジョン・ラスキンらはアーツ&クラフツ運動を展開した。彼らは、職人が身に着けた技術が生み出す風合いや個性ある作品を暮らしの中で積極的に使っていくことが、資本主義経済下で衰弱する職人集団を支える一方、人々の暮らしの質を高めるだけでなく、物を大切する心を育むことにもつながると考えた(19)。

日本においても、「用の美」を見出した柳宗悦らが、このアーツ&クラフツ運動に影響を受け活動した。森林をテーマとする本書では、とりわけ宗悦と思想や活動を共有した朝鮮総督府林業試験場の浅川巧を紹介しておこう。彼は、日本の統治下の朝鮮で民芸品の収集を行い、朝鮮民族美術館（現在の韓国国立民族博物館）を設立に尽力した。同時に、浅川は技師として朝鮮各地のはげ山に朝鮮五葉松を植え、緑化を進めた。日本の統治時代、横暴をきわめた日本人の中で、林業試験場の薄給を貧者に施し、はげ山の緑化を進めた浅川は、朝鮮人から慕われた稀有な日本人であった。

工業化を軸とする市場経済の拡大にともなう社会問題に対する運動は、姿かたちを変えながら、現代にまで引き継がれている。近現代に生きる私たちは、市場で規格どおりの農産品を調達できる。しかし、それがどのようなに生産され、流通し、売り棚に並んでいるかを知らない。弱肉強食のグローバル経済下では、生産者はコストを究極まで削減する。その結果として、安いが体にわるい食品、林地に大きな負荷をかけて生産される木材などが出まわることとなる。
そうした資本主義経済の弊害に対抗し、是正するために、有機農業運動、トレーサビリティ運動、地産地消運動、フェアトレード運動、森林認証制度、地域通貨などが展開している。

5　新たな公・共・私と基盤としての自然アクセス

経済体制を問わず、近現代社会は工業化を通じ富の増大をはかってきた。その過程において、私たちは多くのコモンズ（自然環境と共同体内の自治力）を喪失した。自然環境の保全や地域の自治力の蘇生を促していくことが求められている。本節では、次章以降に見る環境保全に向けて展開する公的部門・私的部門・共的部門について素描し、その基盤として自然アクセスの考えが重要になることを論じておきたい。

再分配機能や規制を行うことのできる公的部門は、重厚長大な環境破壊型の公共事業でなく、自然環境を回復したり、地域コミュニティによる環境保全活動を支援したりする施策を増やしていくことができる。より地域に近い市町村などの地方自治体は、地域を超えたさまざまな外部主体との連携や協働の機会を作ることで、衰退した森林自治を支援することもできる。さらには、住民とともに実践的な協働を通じ、新しいコモンズを創造するために税金を使うこともできるだろう。これまで、地域との協働を続けてきた筆者らも、小田切徳美のいう「補助金から補助人へ[20]」の重要性を実感している（第10章）。

他方、私的部門の代表である企業もまた、環境や地域を蚊帳の外にした利潤最大化を追求し続けることはできない。企業のCSR、SDGs、ESG投資など環境問題への取り組みが企業価値を高める時代である。企業もまた地域の自治力の蘇生に関与していくことができる。地域外部の一アクターとして企業が、資金提供だけにとどまらず、自然環境と地域社会に寄与する協働関係を構築できれば、内実をともなったCSRになる可能性が高まる。

共的部門は、従来からの地縁共同体だけでなく、NPO、NGO、協同組合など理念をともにする集団つまり理念共同体の果たす役割も非常に大きい。近現代以降、地縁共同体が自治力を弱めていく過程で、市民的な理念共同体がそれを補完するかたちに変容してきたからである[21]。衰弱した地縁集団の自治力の蘇生に向けた支援を理念共同体がなしうる可能性がある。他方、地縁集団も、公と私、そして理念共同体という地縁を超えた主体との関係性の構築に向かうことで、自治力の回復をはかることができるかもしれない（第11章）。

筆者らは、公・共・私の三部門がそれぞれの持つ権限・機能・役割を活かし、協働関係を通じて自然環境の回復や維持、地域の自治力の回復をはかっていく必要があると考えている。そのような協働を生む基盤をなすものとして、自然アクセスをゆたかに広げていくことを模索したい（第12章）。自然アクセスあるいは自然アクセス制とは、所有のいかんを問わず、万人が自然を歩いたり、景観を愛《め》でたりすることのできるしくみである。自然環境とそのうえに開花する共同・協働関係の回復を阻む最大の壁は、人々の自然への無関心である（第8章）。自然に身を置いた実際の体験を通じ、自然のすばらしさや恐ろしさを知ることから始めよう。自然アクセスは、放置され形骸化した所有を超え、「公」「共」「私」三部門による連携・協働を創出し、森林の多様な機能を多様な主体で分かち合う森林協治（第11章）へ向かう道筋でもある。

●読者への問い：
環境破壊をともなう開発を頭の中に思い浮かべ、図9-1を使って自分なりに説明してみよう。人間にとって回避できる不幸もGDPを大きくする点、非商品化経済が破壊・衰弱する点などに留意すること。

注

（1）三俣学編『エコロジーとコモンズ』晃洋書房、二〇一四年。

（2）「工業先進国」における環境破壊や公害は、得体のしれない恐怖として感知されはじめた。二〇世紀初頭、生活世界の中心を担っていた女性は、その変化にいちはやく気づき、警告をうながし、運動を展開した。たとえば、アメリカのエレン・スワロー、レイチェル・カーソンらである。カーソンの『沈黙の春』は、有毒な化学物質が人間に忍び寄るさまを描いた。子供の世話をはじめとする家事仕事の多くを担った女性が、日常生活の中で、異変をとらえる力にすぐれていたことの証である。彼女らの科学にもとづく警告を当時の産業界は一蹴した。男性中心のアカデミズムも同じような扱いをした。スワローと同世代を生きた英国のオクタビア・ヒル（第12章）も、公衆衛生の観点からオープンスペースの重要性を説いている点もここで合わせて付言しておこう。

（3）和田喜彦「『地球一個の経済』達成状況を可視化するエコロジカル・フットプリント指標」『環境研究』二〇〇九年、第一五二号、一四-二四頁。また、エコロジカル・フットプリント分析をよりやさしく解説したものとして、

WWF（世界自然保護基金）のウェブサイト（https://www.wwf.or.jp/activities/activity/4033.html）が有用である。主流派経済学の中で議論を展開してきたパーサ・ダスグプタもまた、エコロジカル・フットプリントを指標にして、パラダイムシフトを論じている。

（4）グローバルヘクタール（gha）が単位である。一ghaは、生物学的な生産力が世界平均と等しい一haに相当する。

（5）環境経済学の分類や系譜については、植田和弘ほか『環境経済学』（有斐閣、一九九一年）を参照されたい。

（6）日本では、物質代謝論、エントロピー経済学、水土の経済学などとよばれている。

（7）ニコラス・ジョージェスク・レーゲンやケネス・ボールディングのエントロピー論をもとにしながら、持続可能な経済のあり方を展望する点で共通している。

（8）Turner, R.K., Pearce, D. and Bateman, I. *Environmental Economics: An Elementary Introduction*, 1994, The Johns Hopkins University Press（大沼あゆみ訳『環境経済学入門』東洋経済新報社、二〇〇一年）.

（9）邦訳のあるテキスト的な著書として、ハーマン・デイリー、ジョシュ・ファーレー『エコロジー経済学――原理と応用』（佐藤正弘訳、NTT出版、二〇一四年）、より平易に書かれたものとして、ハーマン・デイリー（聞き手：枝廣淳子）『「定常経済」は可能だ！』（岩波ブックレット、二〇一四年）がある。

（10）和田喜彦「エコロジー経済学が目指すもの」『福音と世界』二〇二〇年五月号、二四―二九頁。

（11）三俣学「コモンズ論再訪」井上真編『コモンズ論の挑戦』新曜社、二〇〇八年。

（12）多辺田政弘『コモンズの経済学』学陽書房、一九九〇年。

（13）Ostrom, Elinor. *Governing the Commons*, Cambridge University Press, 1990.

（14）多辺田前掲書、四五頁。

（15）ある一定の所得に達するとそれ以上の増加によって満足度が上がらないという研究は、公害問題に取り組んだ都留重人などにより一九七〇年代には明確に指摘されていた。

（16）第3章で述べたダスグプタが定位した人口資本・人的資本・自然資本からなる包括的富（comprehensive welfare）を計測した研究では、自然資本の富を低減させながら、人工資本を充実させてきたことが判然としており、環境に根ざす経済のあり方の抜本的な見直し（パラダイムシフト）が求められている。

(17) Ostrom 注13前掲書。Ostrom, E., "Beyond Markets and States: Ploycentric Governance of Complex Economic Sytems," Nobel Prize Lecture, December 8, 2009.

(18) Mitsumata, Gaku, "Complementary Environmental Resource Policies in the Public, Commons and Private Spheres: An Analysis of External Impacts on the Commons", in Murota, Takeshi and Takeshita, Ken eds., *Local Commons and Democratic Environmental Governance*. United Nation University Press, 2013, pp. 40-65.

(19) 池上淳『生活の芸術家——ラスキン、モリスと現代』丸善出版、一九九三年。池上惇『文化と固有価値のまちづくり——人間復興と地域再生のために』水曜社、二〇一二年。

(20) 小田切徳美『農山村は消滅しない』岩波書店、二〇一四年。

(21) ボランタリーセクター、社会的経済などの議論は多く、伝統的な地縁集団をどのようにとらえるかについては見解が分かれる。たとえば、野尻武敏ほか『現代社会とボランティア』（ミネルヴァ書房、二〇〇一年）、一-三七頁を参照されたい。

第10章 パラダイムシフトにおける「公」「私」の役割

1 社会と自然の結び直し

前章のまとめにおいて、「公」と「私」に加え、「共」すなわちコモンズの三部門が、それぞれの機能や役割を活かし経済を展望していく必要性を述べた。しかし、それら三部門について、少々あいまいに述べてきたので、少し輪郭をあたえておきたい。とはいえ、あくまで輪郭にとどまる。というのも、これまでの多くの議論が示すように、「公」「共」「私」の境界は厳然と線引きできない。たとえば、国有林を慣習にしたがって地元民が自治的に共同利用する場合（共用林野とよばれる）、所有上は公的だが、その利用や管理の実態は共的である。また、コモンズの権利者が、利潤最大化を追求する私企業の手に、利用と管理を完全にゆだねる決定をしてしまうような場合、所有上は「共」であっても、市場原理に服する私的性格が強くなる。[1] そういう複雑な点もふまえて、以下で三部門を素描しておく。

公的部門は、公権力を持った中央政府と地方政府であり、徴税権と警察力を持つ。徴税権によって所得や資産の再配分を行う。他方、市場をはじめ社会経済の機能不全を引き起こす不正などを組織化された力で是正することが必要になる。それが警察力であり、司法のもとにある**【公権力による統治の原理】**。

私的部門は、市場で私的な利益を追求する主体、つまり私企業、自営業者、家計などである。「個」が自由な競争を通じて、生産者は利潤最大化、消費者は効用最大化を追求する。ここには、共的部門をなす家計が行う自由な経済活動（消費や投資活動）もふくまれる**【自由な個による競争の原理】**。

共的部門[2]は、権力の行使や私的利益追求を動機とするのではなく、共同性を基礎にした集団・組織である。家族、入会、自治会など、暮らしの場における共同性にもとづく地縁共同体もあれば、NPO、NGO、諸組合など、共通の目標に向かう共同性にもとづく理念共同体（アソシエーション）もある。そのいずれもが権力や競争でなく、また利潤動機でもない、協働を通じた自治を原理としている**【自治・協働による制約の原理】**。

これまで、公私両部門は、共的部門を犠牲にするかたちで、経済成長を推進してきた。その犠牲が、環境問題や地域の衰弱というかたちで表出している。それらの解決に資する「公」や「私」の役割、あり方が模索されはじめている（表10-1）。

表10-1 自然環境改善に向けた公私の変容

	経験してきた弊害	改善の動き
公的部門	自然破壊や劣化を引き起こす経済成長を支える政策 例）傾斜生産方式からリゾート開発施策まで	自然配慮型・保全型政策 例）グリーン・ニューディール、環境税など
私的部門	自然破壊や劣化を引き起こすあくなき経済成長 例）公害企業、大量生産・大量消費型経済	自然配慮型・保全型の生産・消費など 例）CSR、グリーン・コンシューマー、地産地消運動、ESG投資

2 森をめぐる制度の変容

公的部門が果たす役割の根幹にあるのは、すでに見たように徴税権や警察力などの公的権力である。公的権力を背景に、社会のさまざまな場面の秩序だて、いわば社会のしくみの骨格を形成するのが、公的部門の重要な役割である。このように公的部門が形成する社会のしくみは、広い意味で制度ととらえられる。森林と社会の関係ももちろん、制度によってそのあり方は大きく左右される。したがって、以下では制度に着目して、森林との関係を是正しようとする変化を見ていきたい。

ただし、制度といったとき、憲法や土地所有のように、なかなか変化させがたい基盤的なものもふくまれる。もちろん、こうした基盤的な制度も森林と社会の関係を規定する部分があるが、以下で取り上げるのは、より直接的に森林と社会の関係を是正する目的で変化した、あるいはしつつある制度である。また、制度の供給は公的部門の専売特許ではない[3]。ここでは、民間部門が作り上げた制度も一部取り上げることにしよう。

■環境資源としての森林

森林は、仮に市場経済を通じた恩恵をもたらしていなくても、森林環境そのものとして人間社会にもたらす恩恵が多々ある。このことは、近年になってとくに強く認識されるようになってきた。たとえば、一九九〇年代以降には森林の公益的機能が盛んに議論され、二〇〇〇年代以降は、国際的に生態系サービスという概念が導入され、生態系がもたらす恩恵を包括的にとらえる見方が浸透した（第4章）。この過程で、それまで絶対視されがちだった木材生産という機能・恩恵が相対視され、ときに、他の機能・恩恵とトレードオフの関係にあるとみなされるようになった。ここで、トレードオフというのは、一方が増加すればもう一方が減少するような対立関係をいう。たとえば、木材生産に特化したモノカルチャーの森林は、生物多様性という機能とトレードオフの関係にあると解釈される。

とはいえ、木材生産以外の森林の機能が、国の制度の中でまったく無視されてきたわけではない。古くは江戸時代に「土砂留山」などとよばれる土砂災害防備のための森林や、「水目林」などとよばれる水源地の森林を保護する制度があった。近代化以降も、比較的早い段階で、保安林制度が創設された。保安林は災害防備や水源涵養のほか、魚類の生息環境保全、森林景観の保全を目的にするものなど、多岐にわたる（表10-2）。保安林の面積は、日本の森林全体の半分近くにのぼっている。保安林に指定された森林は、樹木の伐採に都道府県知事の許可が必要とされるなど制限がかけられる。また私有林であれば、税制の優遇措置が設けられている。このようなしくみで目的とする公益的機能が保たれるようにするのが、保安林という制度である。

表10-2 保安林の種別と面積

保安林の種別	指定面積（千ha）	保安林全体に占める割合（%）
水源かん養保安林	9,244	71.1
土砂流出防備保安林	2,610	20.1
土砂崩壊防備保安林	60	0.5
飛砂防備保安林	16	0.1
防風保安林	56	0.4
水害防備保安林	1	0
潮害防備保安林	14	0.1
干害防備保安林	126	1.0
防雪保安林	0	0
防霧保安林	62	0.5
なだれ防止保安林	19	0.1
落石防止保安林	3	0
防火保安林	0	0
魚つき保安林	60	0.5
航行目標保安林	1	0
保健保安林	704	5.4
風致保安林	28	0.2
保安林全体	12,245	100

（出典）林野庁ウェブサイトより作成。
注：複数の種別に指定される場合もあり、各種別の合計は全体面積と異なる。

いま見た保安林は現状維持をはかるような制度であるが、近年講じられてきている対策は、積極的に働きかけることによって、公益的機能あるいは生態系サービスを維持あるいは増進させようとしている点に特徴がある。その背景には、近代化の過程でもたらされた、森林（自然）と社会の関係の歪みを是正しようとする意図を読み取ることができる。その歪みとは、ひとつは、あまりに人間本意・技術本意に自然を作り替えてきたことであり、もうひとつは、森林への関わりがあまりにも後退してしまったこと、つまり、過少利用（第8章）といえるような事態である。

このうち、前者の歪みに関する是正

策はまだ明確なかたちにはなっていないが、グリーンインフラという考えが浸透してきていることを紹介しておこう。(4) グリーンインフラは、国土交通省による「国土形成計画」が二〇一五年に改定された際に用いられた用語で、その名のとおりインフラストラクチャーであるが、グリーンなもの、つまり自然によってその機能を担うものを意味する。具体的には、ダム、堤防などの構造物のみに頼った国土管理から、森林の災害防備機能など、自然が備えている公益的機能を活かした国土づくりや地域づくりに視点を移すものである。さらに、人工的構造物が目的とする単一の機能しか果たさない一方で、多くの公益的機能を損ねてきたことを反省し、グリーンインフラによって多様な機能が同時に発揮されるようなことも意図されている。

もうひとつの、過少利用への対応策は、比較的早くに制度化してきたといえる。林業補助金は、本来は林業という産業の育成、つまり木材生産機能の向上をはかる目的で設けられたものである。(5) しかし、一九八〇年代以降に人工林の間伐の遅れがもたらす災害への脆弱性など公益的機能への負の影響が注目されるようになると、公益的機能の増進が補助の目的として全面に出されるようになってきた。具体的には、間伐にかかる費用の一部を国や地方公共団体が負担できるような制度を設け、間伐の推進による公益的機能の増進をはかることとされた。

さらに、二〇一三（平成二五）年に創設された森林・山村多面的機能発揮対策交付金は、人工林以外の森林、具体的には里山林に明確な焦点を当てている。これによって、過少利用に根を持つ森林の公益的機能の低下に、より広く対処できるようになった。また、この制度は、集落など地域コミュニティの力を活かそうとする点に特徴があり、公的部門が自然環境の保全のために共的部門を支援するものといえる。残念ながら、この交付金制度の意義はあまり評価されておらず、その予算規模は縮小され続けている(6)。

また、環境省は、里地里山を保全する活動を間接的に支援する数々の取り組みを行っている。環境省が支援している活動には、地域住民やNPO、地方公共団体など多様な主体の参画（協治、第11章参照）する体制で行われていることに特徴があるが、ここでも共的な取り組みが重視されていることが確認できる。

■公的事業における環境配慮

公的部門はひとつの経済主体という側面もあり、その支出内容を調整することで自然環境の保全を支援することもできる。たとえば、公共事業において間伐材を使うようにすれば、直接的に間伐遅れがもたらす問題へのひとつの対処法になる。こうした手法の嚆矢は、二〇〇三年に実施された、長野県による長野県産間伐材を活用した木製ガードレールの開発・設置だろう。こうした取り組みは、雇用を創出する側面もあり、グリーン・ニューディール、あるいはウッド・ニューディールとよぶこともできる(7)。

二〇一〇（平成二二）年には、「公共建築物等における木材の利用の促進に関する法律」(8)が施行され、公共建築物について木材利用をはかることとなっている（写真10-1）。たとえば、東京二〇二〇オリンピック・パラリンピックの各施設には、日本全国で生産された木材が積極的に活用された。いまや公共

写真10-1　地域産材をふんだんに活用した公立大学の講義室（山梨県大月市）

調達において環境配慮をすることは、標準的になってきたといえる。

■森林認証制度

これまで見てきた制度は、主に公的機関が取り組むもので、どこか縁遠いものと感じられたかもしれない。これに対して、私たち一人ひとりが関係する可能性の高い制度として、森林認証制度がある。森林認証制度は、環境や人権の視点から適切に管理された森林から生産された木材が使われていることを認証するための制度である。つまり、私たちが商品を購入する際に、認証マークのついたものを選べば、適切な森林管理に取り組んでいる主体を経済的に支援することになる。

森林認証制度の始まりは、一九九三（平成五）年に設立されたＦＳＣ（Forest Stewardship

図10-1　認証材を使用していることを示すマーク
（左：FSC、右：SGEC）

Council）である。ＦＳＣ認証機関は、木材関連産業、環境団体、人権団体等の民間組織が自発的に関わって設立されたものであり、非公的部門が協働してできあがった制度と位置づけられる。森林認証機関は、ＦＳＣのほかにも、国や地域ごとに設立されているものがある。日本では二〇〇三年に独自の認証制度としてＳＧＥＣ（Sustainable Green Ecosystem Council）が設立された。

森林認証制度は、商品についたマーク（図10-1）を確認して購入すれば、持続可能で適切な森林管理に貢献できるので、それを望む消費者にとって非常に便利なしくみである。ここで例示した二つの認証制度以外にも、森林に関係する認証制度は多くある。木材や紙など森林由来の商品を購入する際には、このような認証マークが付いているかどうか、ぜひ確かめてみてほしい。

一方、環境的あるいは人権的に不適切な事業をしている企業が、欺瞞的に認証を取得して商流にのせる「グリーン・ウォッシュ」とよばれる事態も指摘されている。認証マークだけで消費者が判断できるという便利なしくみにおいて、その便利さを逆手にとっている点で、これは大きな脅威である。欺瞞的な商品の購入を回避しようとすれば、手間を惜しまず自分自身で情報収集する必要になってくるだろうし、本章末尾で述べるような、顔の見える関係の中で消費をすることを模索することも有効になってくるだろう。

■生態系サービスへの支払いと森林環境税

これまで述べてきたような、環境資源として適切な森林管理につなげようとする制度は、経済の流れとして見ると、受益者から環境への富の移転と見ることもできる。このような、環境がもたらす恩恵を持続させるための費用を受益者が負担するしくみは、「生態系サービスへの支払い（ＰＥＳ：payment for ecosystem service）」とよばれ、近年注目されるようになっている。

公的部門が「生態系サービスへの支払い」を制度化したものとして、一般に森林環境税とよばれるものがある。これは、公的部門が持つ富の再分配機能を、再分配先として自然環境にまで広げたものと見ることもできる。この税制は、地方において先行していて、二〇〇三年に高知県で導入されたのを皮切りにして、三七の府県が導入している。

国としては二〇二四年に「森林環境税」を導入することを決定しており、それに先立ち二〇一九年から「森林環境譲与税（以下、譲与税）」の交付が始まっている。これは、日本国民一人ひとりが例外なく直接的な関係者となるため、すこし詳しく紹介しておこう。

国による「森林環境税」は二〇二四年から、国民一人当たり一〇〇〇円が国税として徴収される。基本的には、それを原資に地方自治体に交付されるのが譲与税である。譲与税は、この税制のための特別会計から前借りをして、二〇一九年度から交付が開始されている。地方自治体には、森林の面積および人口の規模に応じた金額が交付される。したがって、森林をまったく持たない自治体であっても、譲与税が交付される。どの自治体も例外なく、森林環境の整備に資するような事業を実施しなければならないのである。

譲与税の交付を受けた自治体は、それを財源に地域内の森林整備事業や、森林環境教育事業など、直接間接を問わず森林環境の整備につながる事業を実施する。どのような使途とするか、その裁量は自治体に委ねられており、自由度は高い。この点は、地域の事情に応じた森づくりをするうえで大きなメリットである。一方、自治体においては、アイデアが試されているともいえる。この意味では、森林や林業の事情に通じた職員が地方自治体に揃っているわけではなく、大きな負担となっている可能性がある。この制度は、まだ始まったばかりであり、まだ試行錯誤が続くであろう。今後、運用にあたっては、自治体職員だけにまかせきりにするのではなく、地域住民が参画することによって、地域の事情に寄り添った共的な事業のあり方が模索されてもよいだろう。

3 変容する生産と消費のかたち

■企業の行動変容

企業は、自社の主業務だけに特化するのでなく、企業を取り巻くステークホルダー（利害関係者）の利益に資することが「企業の社会的責任（CSR：Corporate Social Responsibility）」として求められている。[9] 企業をめぐるステークホルダーには、企業の関係する地域の自然環境も含まれている。多くの温室効果ガスを排出し、森林が育んだ水を使用する企業は、森林の公益的機能の最大の受益者であるという認識が社会で広がりつつある。それゆえ、森林保全の一アクターとして、企業が積極的に行動していく期待が高まっているのである。

CSRとしての企業の森づくり活動の広がり　公害問題を経験し、環境問題への関心が高まりつつあった一九七〇年代以降、企業は森づくり活動を徐々に行うようになった。一九八〇年代には、企業が国有林で行う「国民参加の森林づくり」[10]、一九九二（平成四）年には「法人の森林」制度が創設された。これら政府の作った制度によって企業は、森林保全をはかりつつ、企業の従業員や顧客が森林とふれあう場としても活用する取り組みをはじめるようになった。阪神淡路大地震でボランティア活動が広がった一九九五年には「緑の募金法」ができ、これを原資とする事業により、企業の森づくり活動は体験の域を超え、より実践的活動になった。このように、林野庁、都道府県など公的部門による政策イニシアティブのもと、NPO、地域住民、学校などとも連携・協働をはかりながら、「企業の森づくり活動」が展開するようになった。

この取り組みの広がりをデータで概観しておく。企業の森づくり活動が実施されている箇所は、とくに民有林[11]において着実に増加しており、二〇一七（平成二九）年度現在、一五六八カ所を数える（図10-2）。

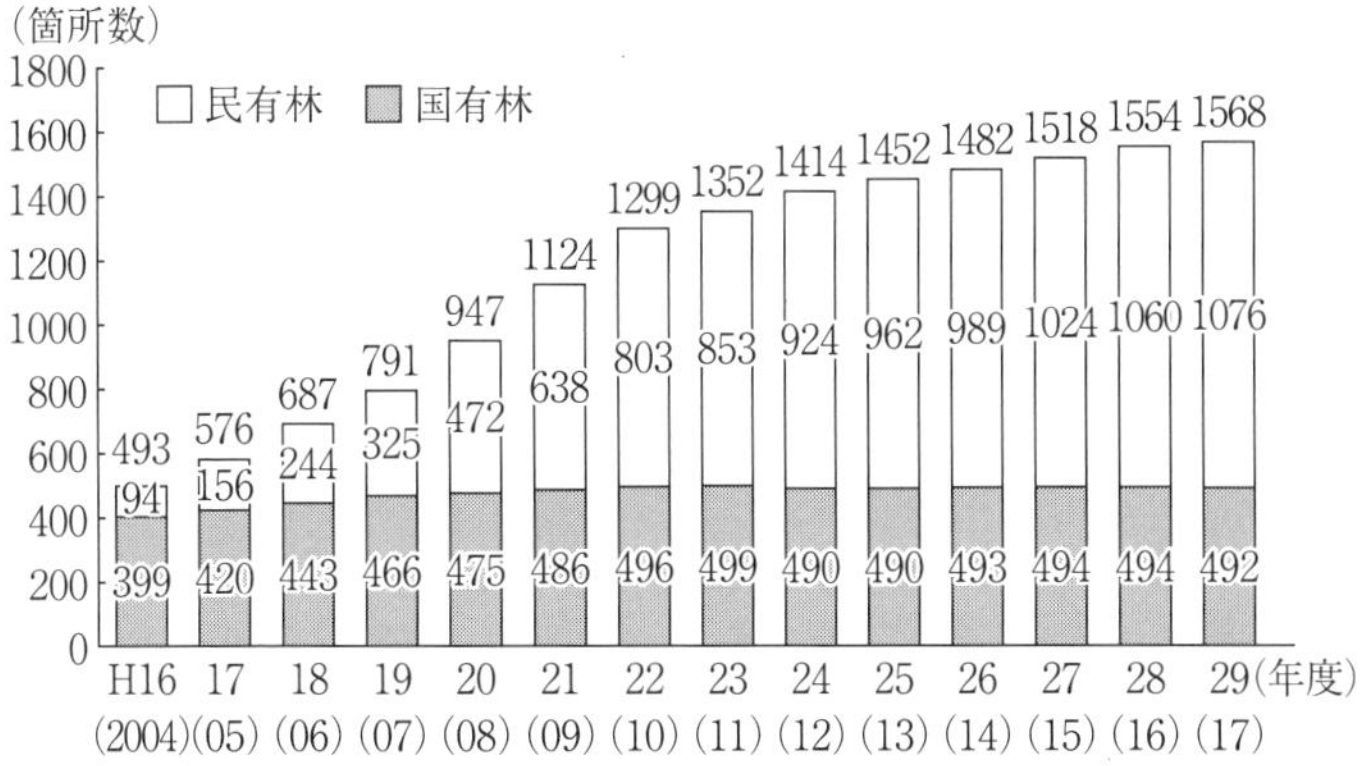

図10-2　企業の森づくりの設置箇所の推移

（出典）『平成30年度森林・林業白書』（2019年6月7日公表）資料Ⅱ-21（https://www.rinya.maff.go.jp/j/kikaku/hakusyo/30hakusyo_h/all/chap2_2_3.html）。

二〇一五（平成二七）年度の企業などの活動団体数は三〇〇五団体であり、二〇〇〇年度の約五倍に上る（図10-3）。活動内容は、他団体の行う活動への寄付にとどまるものから、国有林や私有林からの借受林や企業自らが所有する森林において、社員が実際の森づくり活動を行うケースまである。チェーンソーをはじめ機械を使った活動を行う団体も多く、参加者やスタッフ、活動資金の確保に加え、安全確保も重要な課題になっている。実際に借受林で保全活動を進めている企業五九社へのアンケート調査結果（同機構の平成二一年度アンケート調査[12]）によると、借受林の所有形態は公有林が六四・四％、私有林が三三・九％となっている。公有林には、市町村有林だけでなく、公的性格を付与された財産区などの伝統的な入会団体も少なからずあることに留意しておきたい（第7章）。同活動を進めるにあたり、過半数の企業が公的な支援制度（約六割が都道府県の「企業の森」、一割が国有林「法人の森」、約八・五％が「緑の募金「使途限定募金」）を利用している。

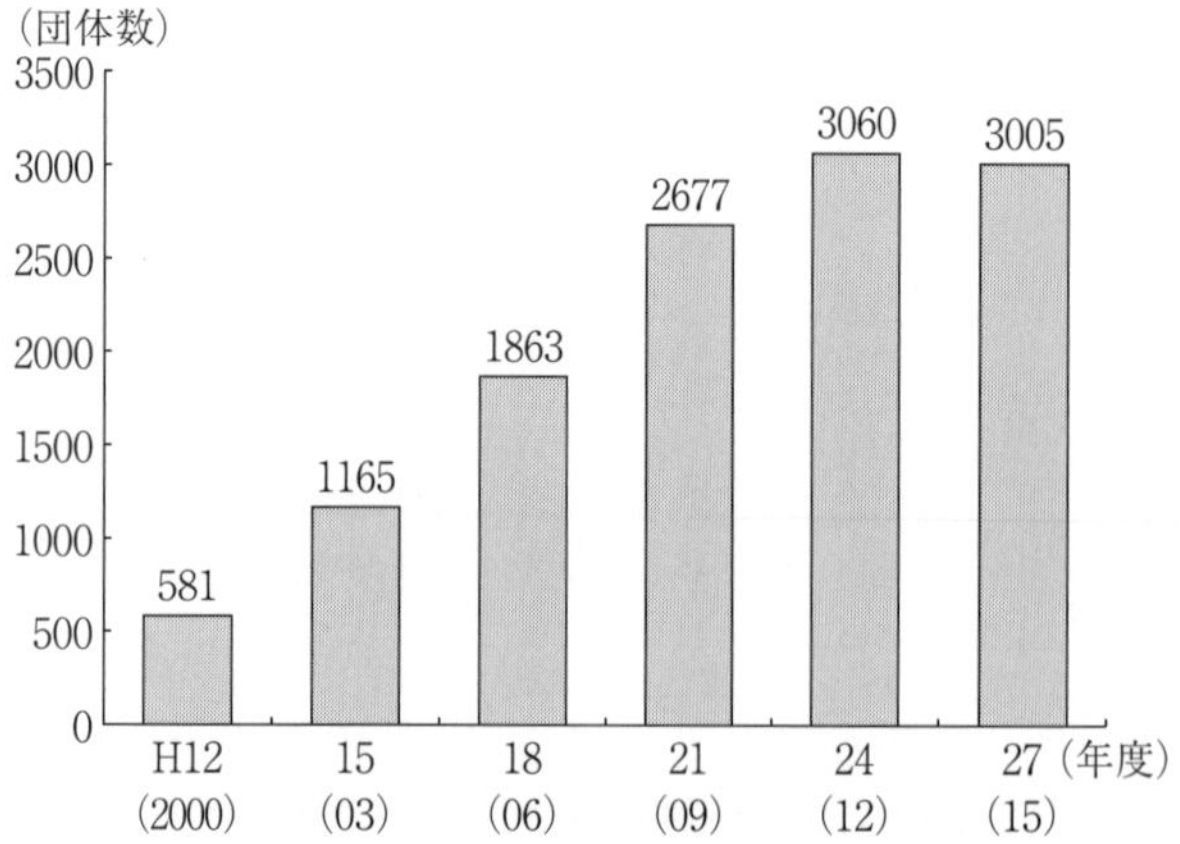

図10-3　森づくり活動を実施する団体数

(出典)『平成30年度森林・林業白書』資料Ⅱ-20 (https://www.rinya.maff.go.jp/j/kikaku/hakusyo/30hakusyo_h/all/chap2_2_3.html)。

企業と森をつなぐしかけ　森林を主たる業務とする企業は少ない。しかし、企業にとって、カーボン・オフセットをはじめとした環境や地域への貢献をステークホルダーにアピールできることは魅力的である。現に、企業の森づくり活動に対して、興味・関心を示す企業が多い。しかし、いざ森林を舞台にCSR活動を進めようとしても、企業には、それを実現できる森林や地域が存在するのかがわからない。どういった活動が森林保全につながるのか、どういうかかわりが森林所有者を支援することにつながるのか、わからないことが多いのである。他方、森林をかかえる地域の側も、森づくりに取り組む意思のある企業がどれほどあるのか、どのような業種でどのような内容の協働が可能かなどについて、十分な情報は得にくい。

そこで、企業と森林所有者・地域とのあいだを取り持つコーディネーターが重要になる。コーディネーターは、公的部門、私的部門、共的部門の三領域にわた

表10-3　企業の森づくりを結び支える団体

組織別	具体的な組織	実施主体と制度・取り組み
政府・行政機関	政府：林野庁、都道府県など広域行政主体など	林野庁：国有林での法人の森制度 都道府県：独自の支援制度により企業と地域を結ぶ
公益的な法人・組合連合	全国森林組合連合会、公益社団法人国土緑化推進機構	国緑：緑の募金を活用した企業の森づくりを支援事業
市民団体	NPO／NGOなど	公益財団法人オイスカなど
連携・協働組織	上記の部門の連携組織（林野庁補助事業で組織化）	森づくりコミッション

（出典）森づくりコミッション | 森ナビ（http://www.morinavi.com/forest-commission）にもとづき作成。

り存在している。具体的には、政府・行政機関、公益的な法人・組合連合、市民団体の三主体である。さらに、二〇〇六年からは林野庁の補助事業によって、それらの三主体が連携・協働し、たんなるコーディネートを超え、森づくりのアドバイス、指導、新たな企画提案を行う「森づくりコミッション」（表10-3）が創設された。その数は、全国で二六を数える。

企業による森づくりの展開には課題もある。たとえば、本業のかたわら宣伝として社会貢献のアピールを狙う企業もあるため、本業が経営不振になると、活動を早々に切り上げてしまうケースもある。加えて、宣伝を効果的にしたいゆえ、植林や面積を優先し、地元の意向に適わない企業側にだけに都合のよい「森づくり」になる危険性もある。それゆえに、関わる人たちや組織の目的、能力、役割を確認しあいながら、しくみを作っていく必要がある。そのため、森づくりコミッションをはじめとするコーディネーターの果たす役割は大きい。

表10-4　大きな林業と小さな林業

	大きな林業 在来型日本林業	小さな林業 自伐型林業
基本的なスタンス	狭義の経済利益最優先の大規模集約型林業	森林生態に依拠しながら生業としても成立する小規模分散型林業
所有と経営の基本	所有と経営の分離	所有と経営の一致
施業の担い手	経営・施業を請負い事業者に全面委託	経営施業を所有者が実施、山守との共同実施
施業体系の基礎	短期を想定した皆伐型の施業体系(50年皆伐・再造林)	長期を想定した択伐・多間伐施業体系（100～150年）
施業規模	大規模施業　大型機械　幅広作業道	小規模施業、小型機械、2.5m以下の作業道
生産材のターゲット	B材（合板・集成材)、C材(エネルギー材）生産主体	A材（無垢材等）の高品質材生産主体に加え、B・C材
経済状況	採算の合わない高額補助金頼み（大きな財政出動）	２～３回目の間伐から補助金なし(小規模ながら自立経営)
(期待される)森林環境・林況	大型重機による林地損傷、偏った樹齢構成	小規模で壊れない作業道づくりゆえ予防砂防、多様な樹齢構成

（出典）自伐型林業推進協会ウェブサイトにもとづき筆者作成。

■新たな林業のかたち

大きな林業から小さな林業へ　森林を生業とする林業者自身による変革の動きも見られるようになった。本書を通じて見てきたように、これまでの林業は、大規模な人工林造成を行い、重厚長大な工業技術を駆使して効率性を高めようとする経済性一辺倒のスタイルに終始してきた。このような在来型の日本の林業を「大きな林業」とよぶとすれば、近年、自伐林業ないし自伐型林業とよばれる「小さな林業」が注目され、期待が高まっている。

「小さな林業」は、これまでの「大きな林業」が生んだ問題だけでなく、日本の抱える社会問題の解決にも貢献しようとする林業である（表10-4）。自伐型林業は、林業を営む人が自らの所有林において、自家労働によって林業生産を行う林業のことである。このような林業家を自伐林家という[13]。

自伐型林業は、基本的に森林の更新サイクルに合わせた生業スタイルで、自分の所有林を自家労働によって小規模に経営する林業である（所有と経営の一致）。これに対し「大きな林業」は、森林所有者から施業委託を受けた森林組合や請負業者が、大規模な人工林を造成し、森林生態系に配慮するよりも、短期的な利潤最大化をいかに実現するかを追求してきた。施業にあたっては、大型重機を導入し、大量搬出を可能にする幅広作業道を敷設し、五〇年程度での皆伐・再造林を基本とする。他方、自伐林業は、森林生態系に寄り添い、一〇〇年～一五〇年という長期的視野のもと、択伐・多間伐施業を主とし、林地を痛めつけない小規模な技術を使うことが多い。とくに二・五m以下の小規模ながら崩れない道づくりを徹底する点に、自伐型林業のひとつの特徴がある。これからの検証と評価を待つ必要があるが、補助金頼みの従来型の大きな林業に比べ、自伐型林業はより自立度の高い経営が可能となると期待されている。

社会問題の解決をはかる小さな林業への期待　自伐型林業は、「大きな林業」が展開する以前から存在し、拡大造林の担い手としても活躍した時期があるが、本書ではとくに二〇〇〇年前後から注目されている「小さな林業」を目指す自伐型林業について見ておこう（表10-5）。

日本全国にその普及・拡大を勢力的に行ってきたＮＰＯ法人自伐型林業推進協会（代表・中嶋健造）のウェブサイトによれば、二〇二二年三月現在、全国五四自治体、三五の地域推進組織において取り組

表10-5　自伐型林業の３類型

個人型自伐林業	専業自伐林家：大面積所有の専業（篤林家）で営むタイプ 副業型自伐林家：農業や他業種との複合して営むタイプ 新規参入型自伐家：森林ボランティアやＩターン者が営むタイプ
集落営林型自伐林業	地域住民が共同で共有林を管理を行うタイプ（例：鳥取県智頭町芦津財産区） 地域のリーダー的人物が複数の私有林を一括受託して営むタイプ（例：静岡県鈴木林業など） 集落が各私有林施業の合意形成のみを請け負うタイプ（例：福井県のコミュニティ林業）
大規模山林分散型自伐林業	大面積の私有林に自伐型でできる団地を設定し、委託管理するタイプ（例：奈良県吉野地方の山守制度）

出典：『森林の百科事典』（丸善出版、2021年）および中島健造編『New 自伐林業のすすめ』（全国林業改良普及協会、2015年）にもとづき筆者作成。

みが進んでいる。大企業含む三三企業がこの取り組みを連携・支援している。自伐型林業は、個人型自伐林業、集落営林型自伐林業、大規模山林分散型自伐林業の三つに分類される（紙面の制約上、それぞれの詳細については立ち入らない）。

ここで注意して見ておきたいのは、自伐型林業が解決に寄与しようとしている問題が森林に限定されていないことである。森林に抱かれる山村には、これまでの日本経済が生み出してきた公私肥大化にともなう諸問題が溢れている。工業重視の戦後復興、燃料革命、木材輸入の完全自由化、高度経済成長を経て、ＧＤＰベースの経済成長において、より不利な状況に追い込まれていった山村は、集落を維持する人口すら失った。他方、都市でも、ゆたかさを追求した人々の暮らしは、経済格差、環境汚染や劣化、ストレスの多い労働環境など、苦痛に満ちたものでもあった。

近年、都市にはない、あるいは、都市が失ったものを求め、若者を中心に多くの人たちが、山村や離島などに移住する「田園回帰」傾向が顕著になりつつある。移住者数は二〇一四年度には全国で一万一七三五人であり、二〇〇九年からの五年で四・一倍、実数で八八〇〇人以上増加している(14)。自伐型林業で暮らしを立て、山村で居を構える移住者も増えている。こうした「田園回帰」は、山村社会にとっても重要である。水路、共有林、公民館活動、お祭りなど、共同で行う集落維持や文化活動に、若い力を得る格好の機会になる。

自伐型林業の試みは、これまでGDP拡大一辺倒の市場が生み出してきた社会問題を、森林生態系のサイクルに沿った「小さな林業」に戻すことで、山村での生活を成り立たせつつも、成長・拡大主義とは厳然と一線を画しながら、解決しようとするものである。それは、「遠くなった森」を「近くの森」に、希薄に人と人との関係性を結び直す可能性を秘めている。山林だけでなく、暮らしの自治（新しいコモンズ）を新旧住民がいかにつくりあげていけるかを問うてもいる(15)。表10-5にあるとおり、現に財産区をはじめ、伝統的入会における活動も展開されている。

ここまで、森林環境の維持・保全に寄与する企業（私的部門）の取り組みについて見てきた。大きく環境を損ねることに寄与してきた市場の力を、環境保全に資するように是正し発揮できるとすれば、その効果は絶大のはずである。しかし、楽観してばかりもいられない。環境に配慮している姿を演じつつ、他方では自然破壊的な事業を展開する企業もある。グリーン・ウォッシュという名で知られるこのようなふるまいは、費用最小・利潤最大化を追求する企業にはつきものだと認識しておくくらいでよい。企業の環境保全に資する真の力は引き出すためには、市民や消費者が、たえず企業活動に目を向け、モニターし適切に評価していくことが重要になる。

■消費者の貢献

ここまで私的部門のパラダイムシフトとして、企業や林業者を取り上げてきた。しかし、それだけでは重要な経済主体が抜け落ちてしまっている。そう、消費者の存在である。そしてこの経済主体は、あなた自身と言い換えることもできるし、私たち自身ということもできる。最後に、より普遍的な私的部門の主体として消費者の貢献について述べておこう。

消費者が自らの消費行動を通じて社会的な公正さに貢献しようとする試みは、さほど新しいことではない。環境保全に関するものとしては、すでに一九四〇年代にはフェアトレードが、一九九〇年代にはグリーン・コンシューマリズム（緑の消費者運動）が議論され、実践が重ねられてきた。近年では、環境だけでなく人権等の社会的問題を解決しようとする消費行動は、エシカル・コンシューマリズム（倫理的消費またはエシカル消費）として括られることも多い。

本章ですでに述べた森林認証制度は、こうした消費行動に活用されることを想定したものである。つまり、森林環境の保全に貢献しよう（倫理的消費をしよう）と考える消費者に、認証マークの付いた製品を選択してもらうことが意図されている。このとき、森林認証制度は、あなたにかわって木材生産にともなう外部不経済を適切に内部化するように生産された木材・木材製品を見きわめ、その情報を提供してくれる。

しかし前述したように、ときに認証機関が欺かれるグリーン・ウォッシュという事態も起こりうる。ここから先は少し難易度が上がり、消費者が自分で情報を得て自ら判断して行う消費行動が、意味を持ってくる。難易度は上がるといっても、たとえば遠方で作られたものではなく、なるべく身近なもので素性のわかっているものを購入するようにする、というのはひとつのシンプルな指針になるだろう。

国産材を使った食器や家具を買うというのは、その入り口になるだろう。あなたも将来は家を建てることを夢に描いているかもしれないが、そのときは地域の材で家を建てる取り組みが各地で行われているので、思い出してほしい。そうした取り組みでは、顔の見える木材での家づくりとして、実際に、林業の現場まで見学に連れていってくれたりもする。このときの現場見学は、商品に関する情報収集という側面は持つものの、それは消費者にとってコストではなく、むしろ満足を与えるものとなるだろう。

さらに進んで、とことん「身近な」消費を志向したいならば、暮らしの中で自給できるものは自給してみてはいかがだろうか。ささやかなことであっても、自給の追求は、自分の目と耳で使うものの素性を知るだけでなく、他国資源の過剰利用の裏返しとしてある過少利用問題の解決に向けた一歩となりうる。

災害が発生したり、国際情勢が悪化して長大なコモディティ・チェーンが断ち切られたとき、身近な森林（自然）資源を自らの手で暮らしに活かす「わざ」を身につけていれば、どれだけ心強いことだろう。東日本大震災以降、あるいはコロナ禍以降に薪ストーブの普及が見られるが、できる範囲で薪を作り使っていくということは、最も身近な手段かもしれない。

とはいっても、たしかに、このレベルに到達することは容易ではない。まず、本書と出会ったあなた自身が、身近な森や自然にふれてみることが、大きな一歩となる。芽吹く緑の鮮やかさを愛《め》でたり、鳥のなき声や沢水の流れる音に耳を傾けたり、ひんやりとした清涼な空気を胸一杯に吸い込んでみたり……。そんな自然での体験の機会を増やしていくことが、「遠くなった森」を取り戻すうえで、大きな助けになるだろう（第12章）。あなた自身の身近な問題として、あなたにできることを考え、すこしずつ実行に移していくことが、消費者にとってのパラダイムシフトなのである。

●読者への問い：
自然環境をまもり、また農山村コミュニティの自治力回復に資するような行政・企業・市民のあり方について、自由な発想で考えてみよう。同時に、移住者やUターン者が果たす役割や課題についても議論してみよう。

注

（1）この点を整理し、コモンズと公共性の議論を見通しよく展開しているものとして、間宮陽介・廣川祐司編『コモンズと公共空間――都市と農漁村の再生にむけて』（昭和堂、二〇一三年）がある。

（2）共的部門（コモンズ）は、その不分離性に着眼するゆえ、自然環境（対象）とそれを共同で利用・管理する制度（主体）の双方を指すものとして定義されることが多い。たとえば、井上真によるコモンズの定義は「自然資源の共同管理制度、及び共同管理の対象である資源そのもの」である（井上真『コモンズの思想を求めて』二〇〇四年、岩波書店、一一一一二頁）。自然資源に限定せず、協働にもとづく自治の重要性を都市空間などに拡張する議論についても有用である（たとえば、高村学人『コモンズからの都市再生』ミネルヴァ書房、二〇一二年）。このような議論はいずれも、行きすぎた公と私の弊害を制御、是正する装置としてコモンズをとらえているといえる。

（3）二〇〇九年にノーベル経済学賞を受賞したエリノア・オストロムによる中心的な研究成果は、まさに公的部門以外の、資源利用者による制度供給の実現可能性と有効性を実証したことにある。

（4）鈴木牧・齋藤暖生・西廣淳・宮下直『森林の歴史と未来』（朝倉書店、二〇一九年、一四七-一四八頁）を参照。

（5）鶴助治「林業補助金に関する若干の考察」『林業経済研究』第一〇三号、一九八三年、三〇-三五頁。

（6）高野涼・山本信次・伊藤幸男「地域住民による森林整備を支援する森林政策の論点――森林・山村多面的機能発揮対策交付金を例に」『林業経済』第七四巻第二号、二〇二一年、一-一八頁。

（7）関良基「ウッド・ニューディールとは何か？」『林業経済』第六二巻第一二号、二〇一〇年、二-五頁。

（8）二〇二一年に改正され、公共建築物に限定せず建築物一般を対象とすることとなった。法律の名称は「脱炭素社会の実現に資する等のための建築物等における木材の利用の促進に関する法律」にあらためられた。

（9）より積極的に問題にかかわり、社会的価値（環境問題などの解決）と経済的価値（経済的利益）の双方を生み出そうとするCSV（Corporate Social Value：共通価値創造）も注目されている。また、企業の環境配慮行動を投資面から誘発していこうとするESG投資（ESGの頭文字はそれぞれ、EはEnvironment、SはSocial、GはGovernance）も注目されている。他方、二〇一五年の国連サミットで採択されたSDGs（Sustainable Development Goals：持続可能な開発目標）の一七項目はよく知られるようになったが、林野庁は、日本で森林利用と管理を進めることで、これら項目の多くを達成できると説いている。

（10）活動目的の相違に応じ、①ふれあいの森、②社会貢献の森、③木の文化を支える森、④遊々の森、⑤多様な活動の森、⑥モデルプロジェクトの森が設置された。

（11）民有林とは、公有林と私有林を合わせた、国有林以外の森林のこと。

（12）社団法人国土緑化推進機構・株式会社エス・ピー・ファーム『「企業の森づくり」に係るアンケート調査結果』平成二一年度林野庁補助事業：地域活動支援による国民参加の緑づくり活動推進事業、二〇一〇年。

（13）自分の所有する山林か借地・受託林での施業をふくむかの相違により、自伐林業（家）・自伐型林業（家）と区別することがあるが、新しい動きに着目する本書では、原則、自伐型林業と表記する。

（14）小田切徳美・筒井一伸『Series 田園回帰3　田園回帰の過去・現在・未来――移住者と創る新しい農山村』農文

協、二〇一六年。農業経済学者の小田切徳美による一連の研究を参照されたい。

(15) 佐藤宣子・興梠克久・家中茂『林業新時代――「自伐」がひらく農林家の未来』農文協、二〇一四年。

第11章 共創するコモンズ
——森林をめぐる協治の胎動

人間の森林での営為を、第9章で見た非商品化経済部門の中になるべく多くとどめおく努力が必要である。森林を商品化すれば、市場の荒波にふりまわされるからである。高値で売れれば乱伐、採算がとれなければ放置を招きがちになる。それは第6章で、日本の林業政策の軌跡でも見たとおりである。極端に劣位な立場で国際木材貿易の土俵に乗り続け、収益重視一辺倒の森や里地に改変することは、森林の再生産の時間を攪乱し、森に暮らす動植物、バクテリア、水生の動植物を含む森林生態系全体に大きな負荷を与える。第7章で見たように、森の循環・時間に合わせた自給利用サイクルはもとより、林業市場が優勢になる中で編み出された「共益還元則」(禁止・制限則)など、伝統的コモンズの自治ルールやその運用力に学ぶことは、いまなお多い。しかし、森林の商品化路線の末の過少利用時代にあって、伝統的コモンズだけで人間の利用を森の時間に適う方向に誘おうとすることはむずかしい。伝統的コモンズにも「商品化の世界」が貫徹しつつあるからである（第7章）。長らく入会消滅に手をこまねいてきた日本の林業政策は、この点においては「成功」したのである。

そんな森への関心が薄れ放置が進む中で、懸命に努力を続ける伝統的入会もある。その努力は、利潤最大化とは異なった視点で、いま一度、森林の持つ価値や機能を見つめなおす動きとして立ち現れてきた。それは「新しいコモンズ」を創るべく、地域住民を核としながらも、地域のウチとソトを超えたさまざまな人・集団・組織が力や意見を出し合い、協働と共感を原動力として進める森林管理、つまり林政学者の井上真の提唱した森林協治の試み(1)である。

本章では、伝統的な入会起源の都市近郊林での試みの中に見られる、森林に宿る価値の共有・共感を軸にした「生成するコモンズ」について考察する。また、森林ボランティア活動、学校林活動、漁民の森運動まで広く射程を据え、その可能性や課題も述べる。

1　伝統的コモンズにおける協働の試み

伝統的コモンズとしての入会は、さまざまな法人形態をとっていまを生きている。神戸市北区下唐櫃《しもからと》地区には、林産農業協同組合という法人で旧下唐櫃村が有する森林が広がっている。同地は有馬温泉と近接しており、木材はもとよりマツタケを温泉旅館に卸してきた歴史がある。しかし、全国的な趨勢にもれず、林野の自給利用は昭和四〇年代に、続いて木材、そしてついにはマツタケ生産も減少し、商品利用も衰退した。十数年前まで、年に四〜五回の「お役」とよばれる組合員総出の山林共同作業は、年一回になり、その参加者も四割にまで低下した。六割の世帯は、出不足賃を払って役を免除してもらっている。集落に残って共同作業に参加できるのは、たいがい高齢者である。共同作業への参加意思を持つ人がいても、山に登ることじたい、危険をともなうため、家族が参加をやめるように説得する、ということも発生している。近年、局地的で短時間に降る集中豪雨が多発しており、同地でも毎年のように林道崩落が起こっている。その補修は、年一回、参加率が低減した共同作業だけではとうてい賄えない。七〇歳以上の幹部五〜六名が、臨時で崩落現場に入り、林道補修を続けている。もちろん、組合員世帯に若者はいる。しかし、多くが近隣都市に働きに出ており、総会、臨時会、共同作業などに出る余裕がない。林内での共同作業をはじめ行事の多くは休日に行われるが、休日に働きに出ている世帯も少なくない。うまく若い世代に森林管理を引き継げず、他方、山を見守る世代の高齢化が容赦なく進むきびしい状況がある。線下補償、砂防ダム補償など林業外収入はあるものの、組合員を刺激することはなく、組合内部の環境は年を追ってきびしくなっている(2)。

そういった組合の内部環境の危機的状況を打破する一つの試みとして、二〇一四年以降、同地区は外部組織との協働・連携をはじめた。その皮切りとなったのは、筆者（三俣）の前任校・兵庫県立大学のゼミナールの受け入れであった。筆者と学生は、聞き取り調査・林内実習・調査合宿・ワークショップ、写真展など学生の自発的イベントなどを通じて連携・協働を続けてきた。演習林を持たない大学の経済学部生が、森林で枝打ちや間伐、フットパスづくりなどを体験できる学習機会を得られることは、森林生態系や集落調査の基礎を教える筆者としてはありがたい。他方、聞き取り調査の結果や同地区の森林を訪れるハイカーらへのアンケートの調査結果について報告書や報告会というかたちで「お返し」をしながら、双方にとって大きな負担にならず、かつ得るところのある連携・協働を模索している。組合はさらに、六甲山をはじめアウトドア愛好家たちの集う六甲山専門学校、神戸大学、神戸市、登山会とも連携し、木こり合宿の開催、人工林施業、フラワーアレンジメント教室などを実施している。同地域にとって、造園学を専攻する県立大学の同僚Aさんが同地に移住してきたことも大きな刺激になっている。下唐櫃の山には美しいヤマアジサイが生息する。Aさんがガイドを務め、アジサイウォークなども始まった。こうした取り組みに、少しずつ組合内の婦人部、若年層が関わり、少なからぬ変化も見られる。二〇一九年度、組合内では若手の四十代の男性が理事に就任した。

外部者は、地域林業の目を見張るような活性化はもとより、組合における意思決定にも関わることはできない。その意味では非力である。しかし、森林の低利用・内部の無関心から生じている諸問題に対して、利潤最大化とは異なる動機で、よそものとして関わっていくことは、希薄になりつつある組合内部の人たちどうしの関係性、組合の人たちの山との関係性を結び直す可能性を秘めている。筆者は最近、森林や山村について学ぶ意欲旺盛な学生たちの役割にも注目しはじめている。彼らは、聞き取り調査や林内作業を通じ、ただ教わるばかりでなく、組合の人たちそれぞれの身体にしみ込んだ森の知識や技術を、もう一度、価値あるものとして引き出す重要な役割を果たしうる。そういった効果が発揮される「関わり方」（教育プログラム）を検討することの重要性が増している。

2 都市と山村をつなぐ──森林ボランティアの広がり

一九八〇年代頃から、放棄人工林の問題の解決を目指して、「森林ボランティア」とよばれる活動が日本各地で見られるようになった(3)。活動の中心を主に担っているのは、所有者や地域住民ではなく、都市住民やNPOである。まず、森づくりフォーラムが二〇一八年に実施した三三五〇団体に対するアンケート調査をもとに、この活動を概観しておこう(4)。

各団体の活動目的は多岐にわたっている(表11-1)。なかでも「里山等身近な森林の整備・保全」が全体の四五%を占め、最多となっている。人工林に適した樹種であるスギ・ヒノキ(二〇%)が植栽される一方、サクラ(四八%)、クヌギ(二三%)、クリ(一四%)など景観や環境志向で樹種選定が行われているようである。活動地は、国・都道府県・市町村有地が六三%を占める一方、個人有地が五一%となっている。また、地域の共有林や財産区も一六%含まれており、伝統的な入会集団がボランティアと協働している可能性がうかがえる。他の主体が実施する森づくり活動に参加している団体が全体の三五%存在しており、多様な主体間協働・連携による森林管理が進められつつある。他方、このような森林ボランティアには課題も多い。とくに会員・参加者の確保の問題、資金源の確保、活動の安全確保が課題にあがっている。ボランティア団体に所属する人たちの高齢化が進む一方、林内作業の安全確保の問題が大きな障壁になりつつある。

表11-1　森林ボランティアの活動目的

活動目的		
里山林等の身近な森林の整備・保全	588	45%
人工林の整備・保全	119	9%
上流域（水源地）等の森林の整備・保全	67	5%
魚付林の整備・漁場の保全	19	1%
竹林の整備	103	8%
森林環境教育	115	9%
社会貢献活動	102	8%
森林に関する普及啓発	28	2%
地域づくり、山村と都市との交流	61	5%
花粉症対策	0	0%
地球温暖化対策	12	1%
生物多様性保全	32	2%
会員の福利厚生	6	0%
他の森林づくり活動を行う団体に対する支援活動（中間支援組織的な活動）	9	1%
その他	41	3%
計	1302	100%

森づくりフォーラムによるアンケート調査（2018年9月1日）

とはいえ、このような森林ボランティアへの参加は、使命感からだけでなく、余暇として続いている点にも注目しておきたい。ボランティアといえば、日本では献身的にわが身を奉げるイメージが強い。しかし、ボランティアは他者に献身する営為のみではない。金銭的にではないかたちで自ら得るところのある営みでもある。経済学で想定されている合理的経済人がとる利潤最大化行動とは違う次元で、協働や共感を通じた喜び（効用）を享受する人たちの営為でもある。『レジャー白書』では、このような自分の関心や趣味にもとづく活動が社会貢献につながり、自らの喜びや生きがいにつながる余暇を「社会性余暇」とよんでいる。都市部に暮らす人々もまた社会性余暇として森林ボランティア活動に参画することで、農山村にとってもよい効果が現れている。たとえば、ボランティア団体が、森林施業だけでなく、地域の人々と親密になり、祭りなどの地域行事にまで参加する動きも見られる。活動が継続的に行われているボランティア団体ほど、そのような地域との結びつきが強まる傾向がある、という指摘は重要である(5)。農山村の人口減少や高齢化にともなう集落機能の低下が全国的に深刻化する中で、このようなアソシエーション型の新しいコモンズから学ぶことは多い。その生成や維持に関する諸条件の検討が今後の重要な研究課題である。

次に、森林ボランティア団体が関わっている場合が多く見られる漁師を活動の中核に置いた漁民の森運動を見ていこう。

3　海・川・森をつなぐ漁民の森運動――「森は海の恋人」

■連続性が保証する海・川・森の健全性

地上に降り注いだ雨水は、重力の法則に従って流れ、やがては海に至る。そのはじまりは多くの場合、森林域である。森林の持つ機能は第2、4章で見たとおり木材生産だけではない。水源涵養機能、洪水調整機能が発揮されることで、下流部に窒素やリンをはじめ森林の養分が広く薄く供給されていく。これは、森の持つ力が河川や海にすむ動植物の命を育むことを意味している。人間がやっきになって境界線を引いて囲い込もうとしても、森・川・海は連続性が保証されてはじめて生態系として良好に機能する。その事実は、どんなに科学技術が発達しようとも変わることはない。そのようなエコロジーの連続性が切断されれば、森も川も海もエコロジー的な健全さを失ってしまう。

日本では、先人が古くからこの重要性を経験知や暗黙知のかたちで理解してきたのだろう。栄養塩を含む水を河川や海に供給したり、森の木々や葉が水面に作る影が魚を集めたりする機能を持つ森は、むやみに開発してはならず、大切に保全していかねばならないと考えられてきた。これは一般的に「魚付林思想」とよばれているが、たんなる思想にとどまらず、実際の政策に反映されてきた点にとくに注目しておきたい。

森林保全の政策の一つに保安林制度がある（第10章）。保安林は一七種類におよぶ。水源涵養保安林、土砂流出防備保安林などは聞いたことがある、という人もあるだろう。農林水産大臣ないし都道府県知事により保安林として指定されると、その目的に適うよう森林を保全することになるので、所有者は立木伐採や土地の形質の変更などにおいて利用上、一定の制約を受ける。この一七種の保安林の中に、明治時代から「魚付保安林」が位置づけられ、現在に引き継がれてきた。森を川と海との連続性の中でとらえ、重要なものとして保全するために、あえて政策の中に組み込まれてきたのである(6)。しかし、戦後の高度経済成長期になると、森・川・海は乱開発の対象になる一方、廃物や廃熱の格好の捨て場にもなり、それらの連続性の断絶だけでなく破壊が進行した。「海は万人のもの」というスローガンを掲げて展開された兵庫県高砂の地を舞台とする入浜《いりはま》権運動はその過程で起こった（第12章）。一九九〇年前後から顕著になる人工林放置による森林荒廃もあいまって、流域環境の悪化が漁師たちの目にも明らかになったのである。そのような背景からはじまったのが「森は海の恋人」を合言葉とする「漁民の森運動」であった。

■漁民の森運動の前史と現在

漁民の森運動は、女性の力が源になってはじまった。一九八八年（昭和六三）年六月から始まった北海道漁業連合会婦人部連絡協議会による「お魚を殖やす植樹活動」である。(7) その背景には、一九七〇年代後半以降の二百海里経済水域の設定があった。遠洋へ出ることのできなくなった漁師は、必然的に沿岸域での漁業に比重を移さなくてはならない。沿岸域の漁場のよしあしは、そこに流れ込む河川やより上流域の水環境で決まる。漁民たちが川や森林に目を向けるようになった理由の第一はここにある。

他方、高度経済成長期には内陸だけでなく、沿岸のリゾート開発が進んだ。このような大規模な開発は、河川だけでなく、沿岸海域の環境汚染や破壊につながった。磯焼けによるコンブ類の減少、ニシンの来遊の激減などのかたちで現れた沿岸環境の悪化によって、漁場で日々の暮らしを立ててきた漁師たちは漁業不振に陥ったのである。漁師が実際に、沿岸環境悪化の被害を肌身で感じはじめた。それが第二の理由である。北海道各地で、一九八〇年後半から「百年かけて、百年前の自然の浜を」を合言葉に魚を殖やす運動が展開し、植樹や保育施業を中心とした取り組みが行われ、トドマツ、ミズナラ、カエデなどがこれまでに六〇万本以上植樹されている。

北海道で活動がはじまった翌年には、宮城県唐桑町舞根《もうね》で「牡蠣の森を慕う会」が立ち上がった。牡蠣漁の盛んなこの地の海に異変が生じはじめたのは一九六〇年代のことである。水質悪化によって起こった赤潮で牡蠣が「血牡蠣」という病気に襲われた。同会の代表・畠山重篤氏はこの原因を自らの足でたしかめるため、気仙沼湾に注ぐ大川の流域を歩きまわった。その結果、同流域の水環境の悪化は、複数の砂防ダム、排水による河川汚染、海岸などのコンクリート化、拡大造林などによって引き起こされた、という確信を強めた。彼は、水質汚染の原因究明の活動を進める中で、大川上流部の森から気仙沼湾までの流域エコロジーを復元しようという志しを持つ仲間を数多く得ていった。大川上流域にある岩手県室根山においてはじまった「牡蠣の森」と称するブナ林など広葉樹主体の森づくりの試みは、現在も続いている。

■データから見る漁民の森活動のいま

漁民の森運動については、公益財団法人海と渚環境美化・油濁対策機構が「赤い羽根共同募金」ならぬ「海の羽根募金」と称して寄付を募り、それを原資として、二〇一〇（平成二二）年度から毎年、同運動を全国的に把握できるデータベースを構築してきた。(8) 事例を見る前に、全国の状況を概観しておこう。図11-1は、同活動の総計数・北海道・本州および沖縄についてその推移を表したものである。二〇一一年の東日本大震災以降、減少傾向にあるが、二〇一八年以降若干回復しつつある。

直近の二〇一九（令和元）年度調査では、全国一二八カ所（北海道六四カ所）で漁民の森づくり活動が報告されている。前年度実績をもとに照会をかけるかたちで把握しているため、活動報告がなしの都道

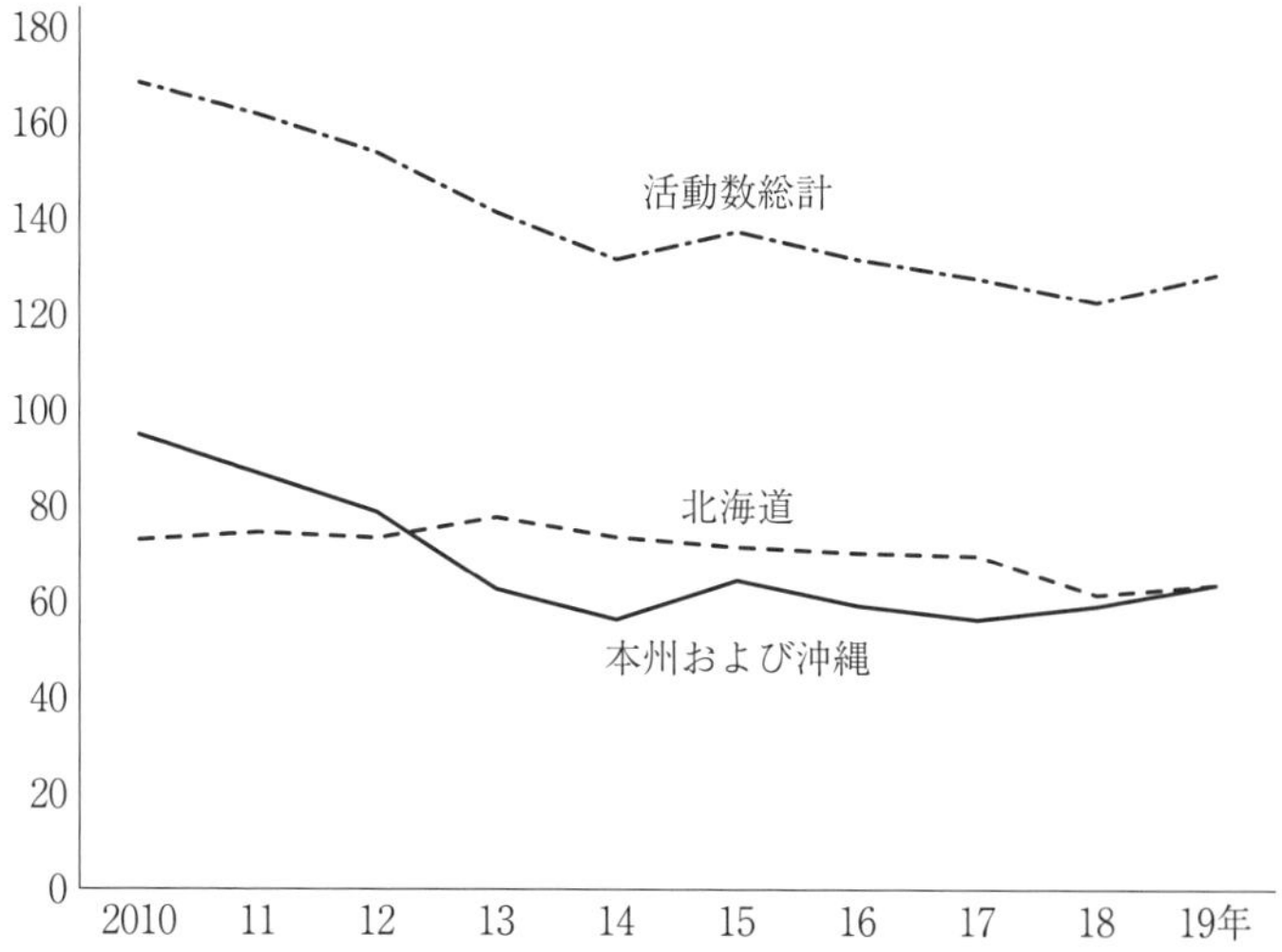

図11-1　漁民の森づくり運動報告のあった箇所
＊2017、18年は岩手、宮城、福島は未実施のため活動数に含まれていない。

府県であっても同活動が行われている場合がある。また当事者らは意識せず、漁業者を含む共同的な森づくりが行われている可能性があり、実態は一二八カ所を上回ると思われる。

同年報告された活動では、一〇種の針葉樹を含め約五〇種の樹木が植林されている。植樹活動で多く使われている樹種は、ミズナラ（二九カ所）、ブナ（二四）、ヤマザクラ（二四）、コナラ（一一）、クヌギ（九）、ケヤキ（九）、サクラ（九）、ヤチダモ（九）、モミジ（八）、イタヤカエデ（七）である、水源涵養や景観重視の考えを反映してか、広葉樹が多い。地域別に見ると、本州以南で東北・関東ではブナ、コナラ、ミズナラ、北陸・中部・関西ではコナラ、サクラ、ブナ、中国・四国・九州ではヤマザクラ、モミジが好んで植樹されている。

所有形態の観点からも見ておこう（表11-2

表11-2　漁民の森づくり運動の状況

所有形態						
国有	都道府県	市町村	漁協所有	森林組合有	私有林	その他
18	6	66	6	3	23	5

＊１つの活動地で２つ以上の所有主体が存在するところもある
＊個人有：私有林・個人と表記されているものなど
＊その他：港湾・学校・湖・養鶏研究センター管理など
＊富山・福井・京都・和歌山についてはデータ不明

管理主体							
国の機関 森林管理署	都道府県	市町村	中間組織・団体	森林組合	漁協（漁連含む）	企業	その他
8	7	52	22	23	37	3	5

＊中間組織・団体：NPO・社法（森林ボランティアなど）・漁連グループ・任意団体など
＊その他：林業者・土地所有者など
＊和歌山・高知データなし、富山は１活動地でデータなし
＊１活動地で複数の管理者が存在しているため、上記データなしを抜いてなお、157主体が管理者として計上されている

上）。最も多いのが市町村有林、次いで私有林となっている。私有地においてよりも、国公有地において活発に展開している。流域環境保全目的とはいえ、自分の所有地内で多様な人たちが活動することに抵抗を持つ土地所有者は多い。参加者が負傷した場合の責任問題などを考えると、土地所有者にとって、このような取り組みへの心理的ハードルは高くなりやすい。

とはいえ、活動地には私有林もあり、また、地域で慣習的に利用されてきた入会林野（ないしそれを起源とする法人形態）も見られる。そういった私的な性格を持つ土地上で、流域環境保全という公共益に資する活動が少なからず展開されている点はおおいに示唆に富み、土地や林野の持つ元来的な公共性をとらえなおす契機になる可能性も秘めている点で注目したい（第12章）。

次に、多様な協働の中核を担う管理主体について

見ておこう（表11-2下）。市町村が主体となっている活動が最多で五二団体にのぼる。国有林を管轄する森林管理署八団体、都道府県七団体であり、市町村と合わせると公的主体による管理は六七団体となる。森林の魚付き効果を経験的に知っている漁師の組織である漁協は、明治以降、森林を購入してきた経緯がある。その漁協所有は三七団体となっている。加えて、中間的な団体であるNPO・NGOなどの中間組織が四五団体ある。他方、CSR目的も視野に入れてだろうか（第10章）、セブンイレブン財団などの大企業が経費負担者として名を連ねている。多様なアクターが流域保全のために、それぞれの立場から協働関係の構築に向かっているようにも見える。次に、筆者による調査を簡単にまとめ、同運動の持つ可能性や課題について述べておこう。

■漁民の森運動ケーススタディ──広域にゆるやかに連携を試みる北海道野付漁協(9)

北海道東・別海町では、一九八八（昭和六三）年、町内にある別海《べつかい》・野付《のつけ》両漁協婦人部が協力して植樹活動をはじめた。通称「浜のかあさん」と称する両漁協の婦人部による植樹活動は、やがて別海町全体へ広がった。そうすると、「浜の父さん」たちも出てくるのである。一九九五（平成七）年からの五年間、別海・野付両漁協婦人部は、植樹だけなく樹木の生育を促す枝打ち作業も行うようになった。この活動が継続していくにつれ、別海町や北海道など行政の支援の幅も広がり、漁協関連団体の取り組みから町全体の動きを生み出し、一九九四年からは別海町との共同開催へ拡大する。それにより、漁協だけでなく、町内の農協、小・中学校、地域の環境保護団体など町内全域にまで広がった。この取り組みが始まる以前、牛や馬の糞尿の河川流出などをめぐって、漁師と対立構造にあった酪農者もこの活動の輪の中に入るようになった。定期的な交流を通じ、酪農者・漁師は互いに抱える問題を相互に理解するようになった。

このような運動の展開を見た背景には、上流域での土地売却の動きがあった。乱開発の可能性に強い危機感を持った野付漁協が、同地を購入したのである。購入目的は、漁場環境を良好に保つための流域環境保全であった。それゆえ、同地をめぐる漁民の森活動では、カラマツなどの木材生産の森（経済林）ではなく、水源保全に適した樹種の植林を進めてきた。同活動のアクターは、漁協、市町村、北海道、漁連だけない。北海道の地から遠く離れた東京に拠点を持つパルシステムも協働の一翼を担ってきた。パルシステムとは、首都圏を中心とする地域生協の連合組織であり、「環境と産直」をキーワードに特色ある事業を展開している。パルシステムは、野付漁協とともに、かねてより漁協の商品開発を手がけるなど協業関係を作ってきた。その過程で、先述した同漁協による山林取得と植樹活動の展開が生まれ、パルシステムはそれに対して強い賛意と協力の意を示したのである。二〇〇〇（平成一二）年以降、パルシステムは生協組合員から植樹基金を募り、同地での植樹活動に協力をはじめ、二〇〇一年六月には、野付漁協、北海道漁連、パルシステムの三者で「海を守るふーどの森づくり野付植樹協議会」を結成し、野付で植樹活動を行っている。生協組合員の賛助金を基金とし苗木購入し、そのほかに要する経費を同会の三事業主体が拠出する関係を作り出したのである。そればかりではない。協働する過程で、東京から別海町へのツアー参加者らが、別海漁協自慢の海の幸を堪能するだけでなく、植樹地に立

写真11-1　ふーどの森植樹ツアー

ち、自らの手で実際に木を植え、保全活動に加わるという「ふーどの森植樹ツアー」も誕生した（写真11-1）。このようにして、生産者・流通業・消費者の三者が、ゆるやかな連携のもと、負担を分け合い、また楽しめるようなしくみが作られたのである。

以上見てきた漁民の森運動の展開に大きな期待が集まっている。他方、日本の森・川・海における循環の停滞や断絶を回復させることは容易ではない現実がある。たとえば、本流をせき止める巨大ダムが存在する流域では、このような活動による水循環改善効果はきわめて限定的になる。たとえ活動によってダム上流部の河川水量が増加したとしても、それが水循環や生態系の回復に資するのではなく、電力会社の生む発電に寄与するだけ、という皮肉な結果に終わる。巨大ダムがあるかぎり物質循環の回復にはつながらない。最大のステークホルダーたる電力会社の貢献なしに、物質循環系の回復はありえない。以上のようなエコロジー循環や共同的資源管理・保全について、教育を通じて、学びを深めていくことは、環境政策に対する市民の理解を得ることにもつながる。

次に、教育の現場、とりわけ学校林という森での協働に注目し、その意義や課題を考えてみよう。

4 森林の教育利用──学校林という森

■データから見る学校林活動の現在

二一世紀の現在、学校林という名の森が、日本全国に散在している。近代的な教育制度が開始された明治以降、米国における植樹運動が紹介されると、瞬く間に全国の小中学校に広まった。学校林に期待された役割や活動内容は、時代の変化に合わせ変化を遂げてきた[10]。学校林に関しては、林野庁の外郭団体である公益社団法人国土緑化推進機構により、一九七四（昭和四九）年以降ほぼ五年ごとに調査され、その結果は『学校林現況調査報告書』として刊行されてきた。この調査のおかげで、私たちは学校林保有校数や学校林面積だけでなく活動の概要をつかむことができる。二〇一六（平成二八）年七月現在、一万六七五六haの学校林が存在する。保有校二四九二校であり、全国の全学校数に占めるその割合は六・八％であり、年々減少傾向（二〇一一年調査時七・一％：〇六年調査時七・八％：〇一年調査時八・二％）にある。学校の種類別に見ると、保有校数では一四九七校の小学校（中学校六〇六校：高等学校三六八校）が多く、面積では七九八七haの高等学校（小学校六二〇〇ha・中学校三六一三ha）がいちばん広い。保有校数および面積ともに最大であった一九八〇年を一〇〇とすれば、学校保有校数は四三％、面積は五七％まで減少した。学校林保有校の多い農山村地域において、学校の統廃合が行われていることや高等学校の農林科の減少などが、このような傾向の背景にある。

次に、都道府県別に見られる特徴を概観しておこう。まず注目したいのは、学校林を保有していない都道府県がないことである。学校林保有校数の上位五県は、鹿児島県（二二二校）、長野県（一七五）、宮崎県（一二三）、高知県（一〇七）、岩手県（一〇二）である一方、少ない県は沖縄県（五）、佐賀県（九）、香川県（一四）、福井県（一五）、奈良県（一六）である。また、学校林面積の上位五県は、鹿児島県（一三五三ha）、高知県（一二四五・三ha）、長野県（一〇九七・五ha）、福島県（九九〇・五ha）、北海道（八九〇ha）である。学校林を構成する樹種については、スギ、ヒノキ、マツなどの針葉樹を内容とするものが全体の約六割を占めている。他方、約三割が広葉樹のみ、ないしは針葉樹と広葉樹の両方を有している。

所有形態から見ると、学校林全体の七六％（市町村四九％・都道府県八％・国一九％）が公的部門により所有されている。入会を起源とした地域共有的な性格の主体が一〇％（財産区五％、生産森林組合一％、財団法人一％、共有林管理団体三％）存在する一方、個人所有形態（七％）、企業一二主体（〇・〇〇三％）もある。(11)

利用・活用面での傾向を見ておこう。過去一年間になんらかの利用がなされた学校林は約三〇％である一方、約六七%は利用されていない。近年の環境教育の促進や学校林所在地が学校と比較的近いためであろうか、首都圏、愛知県、大阪府といった都市部での利用率は高い。利用が進まない理由として学校があげているのは、「森林の管理が行き届かず利用が困難」「学校から学校林への距離が遠い」などの理由が多い。次に、筆者のフィールド調査地を紹介し、学校林活動について考えを深めておこう。

■ケース1：連綿と活動が続く山村の伝統的学校林――大原財産区の学校林(12)

忍者の一大聖地といえば、伊賀と甲賀である。滋賀県と三重県の県境にある山深い大原地区の共有の森の一角に設置された大原小学校林では、明治以降、連綿と学校林活動が続けられてきた。地域共有の森は大原財産区という形態で地域の利用・管理の続く入会林野である。大原財産区の広大な森は明治初年、はげ山と化した。その後、地域住民による懸命の植樹と保全活動が実り、「甲賀ヒノキ」と称される美林が形成されている。教育活動の一環としてもこれを進めようと、一八九五（明治二九）年三月一八日に小学三・四年生の児童が植樹を行ったのがそのはじまりである。同活動は現在まで一二六年の間、休むことなく脈々と引き継がれてきた。小学校から学校林の所在地までの距離が遠いこともあり、日常的な教科やクラブ活動などでの利用はない。五年生による「愛林植樹」と六年生による「卒業記念植樹」が三月に行われる。植樹を行うにも技術が必要である。同地はヒノキ主体の人工林施業に地域で取り組んできた歴史があり、林業が衰退しつづける昨今でも、森林に詳しい保護者、財産区の委員、PTA、教職員が児童の指導にあたり、活動を支えている。学校林の木々は同小学校に多大な恵みを与えてきた。時代をさかのぼれば、ストーブの薪、学校で必要な用具はもとより、学校の校舎そのもの（旧校舎）が学校林の木々を使って建設された。ヒノキやスギが木材市場でよい値を付ける時代になってからは、学校林の樹木の売却収益によって教育環境の充実がはかられてきた。大阪府の豊中市の小学生が、源流の森で体験学習をするべく同小学校林を訪れる試みもなされてきた（第7章の共益還元則を参照）。地元を核にしつつ、流域での交流・連携をはやくから進めていたことは特筆に値する。

■ケース2：多様なかかわりが支える都市域の学校林――兵庫県神戸市の学校林[13]

次に都市域での学校林について見てみよう。兵庫県下には二九校四一カ所の学校林があり、神戸市内の小学校四校、中学校一校が学校林を保有している[14]。神戸市内五校の学校林うち四校は「学校敷地内」および「隣接地」にあり、利用・管理を行ううえで、たいへん恵まれた環境にある。

①北区君影小学校

立派な炭窯が校庭にあるおどろきの小学校がある（写真11-2）。北区の君影小学校である。六甲山系では炭焼きを生業としていた地区が多い。それゆえ郷土教育の観点からも、同小学校では炭焼き窯が校庭に設置されており、卒業記念に児童たちが指導を受けながら炭焼きをしている。卒業する児童たちが焼いた炭の一部は下級生たちに贈られる。その炭は、学校付近を流れるサンショウウオの生息する川の浄化のために使われる。君影小学校の森は、都市部とはいえ、かなりうっそうとした森を形成してい

写真11-2　校庭にある炭焼き窯（君影小学校：2012年）

る。

炭焼きは素人で簡単にできるようなものではない。そこで活躍するのが学校林の管理でも活躍しているＮＰＯ法人ひょうご森の倶楽部である。これは先述した森林ボランティア団体であり、古い歴史と会員数の多さを誇る兵庫県屈指の組織である。学校林の日常的な管理は、教職員と児童とで行っているが、森林管理は施業に危険がともなうばかりでなく、まむしやスズメバチなど危険生物の被害を受ける危険性がある。それゆえ、下刈り、伐採、遊具の製作やメンテナンスなど危険をともなうことについては、「ひょうご森の倶楽部」がほぼ全面的に引き受け、毎月作業にあたっている。

②西区妙法寺小学校

三宮から地下鉄で、約三〇分でアクセスできる妙法寺小学校に、通称「自教園」とよばれて親しまれ

写真11-3　さまざまな授業で使われる森の教室（妙法寺小学校：2014年）

てきた学校林がある。一九四九（昭和二四）年に地域住民から寄贈された学校林である。自教園は、森だけでなく、果樹園、飯盒炊爨《はんごうすいさん》場、飼育小屋、動物ランド、昆虫ランド、水生植物園、緑の教室、自然教育学習園などがあり、児童は多様な形で自然にふれることができる。北校舎三階と自教園とはふれあい橋でつながれており、児童らは許可された時間であれば、教室から自教園に入ることができる。各学年に合わせ年間のカリキュラムが組まれている。また入学時から卒業時まで、学校林教育のベテラン理科教員が作成した自教園内の植物や生物を解説した『自教園ガイドブック』を使って低学年から自然にふれて学んでいる。国語・算数・理科・社会・図工の五教科でも利用されている。学校林の教科における学校林利用といわれてもイメージできないだろう。たとえば、国語の授業で自然の描写豊かな詩や文章を味わう際、教室を離れ自教園の森で学習するのである。こういう学習利用を可能にするため、自教園には木製の椅子を配した森の教室（写真11-3）もある。学校行事では、夏季、まちづくり協議会（地域組織）や保護者が主催し、飯盒炊爨場でバーベキューを楽しんでいる。日常的な管理については教職員が主となって行う。加えて、夏休みおよび日曜参観の午後の年二回、保護者もまた整備活動に参加し、草刈りなどをする。OBがコーチを務める妙法寺小学校野球部員が草刈や木々の整理作業をしたりすることもある。

このように保護者やOB・OGによる協力関係が構築されている一方、かつて一時期なされていた森林ボランティア団体との連携関係は、現在ない。人工林を伐採したいという森林ボランティア団体側の意向と枝の剪定程度の軽微な作業を頼みたいという学校側の意向が合わなかったため、打ち切られたのであった。連携が簡単には進まないことを物語っている。協働主体が事前にニーズを理解しあうことはもちろん、協働を始めてからも十分な疎通をはかる機会を持つことが重要となる。

③須磨区北須磨小学校

卒業生の作る熱心なNPO団体が多彩な活動を繰り広げている学校林もある。それはおだやかな須磨の海を望むことのできる北須磨小学校林で、通称「裏山」とよばれ親しまれている。一年を通じ全学年で利用がなされている。妙法寺小学校同様、生活、総合、理科、図工、国語の教科利用がなされている。オリエンテーリング、昆虫観察、探検、カブトムシの飼育、親子飯盒炊爨など学校行事としての利用も活発である（写真11-4）。OBが結成した「北須磨自然観察クラブ」は、教職員や保護者と密な

写真11-4　樹木の剪定に励む親子（北須磨小学校：2014年）

連携をはかり、学校林活動の推進母体として中核的役割を担っており、小学校のクラブ活動である自然観察クラブや探検クラブを指導したり、サポートしたりするなど、年間を通じた取り組みを展開している。管理面においても、教職員、保護者、北須磨自然観察クラブが積極的に関わっている。

そんな活発な活動を展開するOB・OGによるNPOがあっても、学校林の維持管理はむずかしい。ここでの注目は、NPO法人日本森林ボランティア協会と学校の協働関係である。同協会員の持つ高い技術が、それまで技術面・安全面でかなわなかった樹木の本格的な伐採によって、同校にとって長らく念願であった「須磨の海を見下ろせる景観」を手に入れることにつながった。年間三～四日、学校林の木々の伐採をはじめ、道、階段などの施設の補修作業によって、児童が安全かつ親しみを感じることのできる学校林づくりが実現している。

5 非商品化経済の営みが創る新しいコモンズ――環境の本源的な価値を求めて

売れないからという理由で森林を放置することは望ましくない。少なくとも日本の森は、人の適度な利用があってはじめて豊かな森林生態が保たれるからである。森の多様な機能が発揮されることは、森だけがゆたかになることではない。森からの安定的な水の流下は、水生昆虫、魚、河川や森の近くに暮らす鳥や動物に住処を与える。他方、サケやアユなどの遡上性の魚類、鳥、それを捕食する動物は、まるで重力の法則に抗するかのように、海からの栄養塩を運び上げ、森林を育む。エコロジー的な連続性、水や大気の循環を通じた更新性（再生産）を保証することが、森を含む生態系全体を健全に保つ条件であることを忘れてはならない。しかし、第7章で見たように、これまでの林業政策は真逆の方向に舵を切ってきた。そして、第8章で見たとおり、日本はいま、森林の商品化の貫徹の末の過少利用問題に直面している。

とはいえ、この現状を嘆いてばかりもいられない。否、むしろ、地権者の森林への所有意識が薄れてきたいまだからこそ、森林の根源的な価値や機能について議論を深め、「新しいコモンズの創造」に向かう契機とすべきである。本章で見てきた森林ボランティア活動、漁民の森活動、学校林活動は、激烈な商品化経済部門によって生み出されてきた問題に対し、非商品化経済部門の営みを軸とした新しいコモンズ創造の試みでもある。創造するコモンズに私的・公的両部門が果たしうる役割も大きい（第10

章）。最終章では、このような森林のとらえなおしと実践・活動をより前に進めていくためにも、人と自然のあり方を映す鏡である自然アクセスの考え方について見ていこう。

●読者への問い：
本章で概観したように、森林をめぐって生成される協働にもとづく利用や管理のしくみ、つまり新たなコモンズの創造が日本の各地で見ることができる。このような新しいコモンズと中世以降から継承されてきた入会には、どのような共通性と相違点があるだろうか？　新たなコモンズと伝統的な入会が手を組むことで、共的部門をよりゆたかにするための社会経済的な条件にはどのようなものがあげられるだろうか？

注

（1）協治の考え方については、井上真『コモンズの思想を求めて』（岩波書店、二〇〇六年）を参照されたい。
（2）川添拓也・三俣学「入会起源の都市近郊林の自治を促す制度の検討——神戸市下唐櫃林産農業協同組合を事例として」『都市と森林』晃洋書房、二〇一七年、一七七—一九五頁。
（3）山本信次編『森林ボランティア論』（日本林業調査会、二〇〇三年）に詳しい。
（4）林野庁が一九九七年（二〇〇三年から総務省）から三年おきに森づくり活動団体に対してアンケート調査を行い二〇一五年までデータを蓄積してきた。二〇一六年からは、NPO法人森づくりフォーラムが林野庁から補助金を得て調査を実施。直近のデータは二〇一八年九月一日に実施された。詳細は公益財団法人海と渚環境美化・油濁対策機構ウェブサイト（http://www.umitonagisa.or.jp/）参照されたい。
（5）嶋田俊平「森林ボランティアと山村住民との関係性に関する研究——近畿地方の森林ボランティア団体へのアン

ケート調査結果を中心に」『林業経済研究』第五一巻第三号、二〇〇五年、二九‐三七頁。
(6) 保安林は全国の森林面積の二七・六％（約一三〇〇万ha）を占める。魚付保安林の面積は、全保安林の〇・五％（約六〇万ha）を占めるにすぎないが、森から陸海にわたるエコロジー循環にとって大変重要である。
(7) 柳沼武彦『森はすべて魚付林』北斗出版、一九九九年。
(8) そのデータは同機構のウェブサイト（前掲注4参照）で公開されている。「漁業者等が参加している活動」を各都道府県に照会し、主催者、活動内容、参加漁業者の主たる漁業種、植樹後の管理主体、経費負担者、次年度計画や課題などについて把握を進めている。
(9) この調査は、筆者（三俣）が、森元早苗・室田武・田村典江・嶋田大作とともに行ったものの一部であり、次に所収されている。三俣学・森元早苗・室田武編『コモンズ研究のフロンティア――山野海川の共的世界』東京大学出版会、二〇〇八年、二五二頁。
(10) 明治期以降の学校林設置をめぐる動向を俯瞰的にとらえたものとして、三俣学「コモンズとしての森林――学校林の歴史に宿るエコロジーの思想」（宇沢弘文・関良基編『社会的共通資本としての森』東京大学出版会、二〇一五年、一三五‐一六六頁）がある。
(11) 国・公有地上における歴史的な地域住民による入会利用や同報告書で個人有として分類されているものに複数名義などの形で登記される記名共有林がふくまれていることなどを鑑みると、地域共有的な性格を有する団体・組織が所有・管理ケースがかなり多いと思われる。
(12) 次に所収した論文を改稿したものである。室田武・三俣学『入会林野とコモンズ――持続可能な共有の森』日本評論社、二〇〇四年。
(13) 次の論文を大幅に改稿したものである。三俣学「都市における学校林利用の実態と課題――神戸市五校の事例から」三俣学・新澤秀則編『都市と森林』晃洋書房、二〇一七年、一三九‐一五八頁。
(14) 各都道府県は、『学校林現況調査報告書（平成二三年度調査）』のもとになるデータを収集している。兵庫県の場合、公益社団法人兵庫県緑化推進協会がその任にあたっている。

第12章 エコロジカルな経済を支える自然アクセス

——みんなの自然を取り戻す

いま、あらためて私たちに問われていることはなんだろうか。それは「自然はだれのものか？」ということではないだろうか。過度に独占的・排他的な自然利用がなされる場合、とりわけ利用が所有者以外に多大な悪影響をおよぼすような場合、この問いが鮮明さを帯びる。自然を破壊し貴重な人命を奪った加害企業に対し、公害を経験した日本の社会が投げかけたのが、まさしくこの問いであった。所有地の敷地内であればなにを生産してもよいのか。工場の敷地にはじまり、その敷地外に廃熱や廃物を投げ出す過程を不可避とする工業社会に対して、この問いは、連綿と提起され続けてきたのである。いいかえれば、「私のものは私だけのものか」という問いである。

本章ではまず、兵庫県高砂市で始まった入浜《いりはま》権運動から話を起こしてみよう。そこで、法的に否定された「自然はみんなのもの」という考え方を、幾多の試練を乗り越え定着させてきた英国（イングランドとウェールズに限定）の歴史から現在を俯瞰してみよう。自然へのアクセスを超えて採取行為やキャンプなどを万人に認めてきた北欧にもふれ、森の経済学の展望を述べよう。

1　入浜権運動で問われた「自然はだれのものか？」

戦後の工業化政策は、容赦なく山野海川を破壊した。乱伐はもとより砕石でずたずたになった森も数知れないほどある。海辺はびっしりと工場群に占拠され、廃熱や廃物を捨てる場として利用され、川・海の生態は激変し、陸と海の出会う貴重な汽水域の生態環境（エコトーンとよばれる）(1)は、コンクリートのテトラポットで遮断された（写真12-1）。白い砂浜、青々とした海岸の松が海と調和した景観を作り出し、謡曲「高砂《たかさご》や」にも詠まれる兵庫県高砂の海岸線もまた同じであった。鐘化《かねか》高砂工業所から排出されたＰＣＢの汚染に気づき、危機感を覚えた住民が「公害を告発する高砂市民の会」を結成した一九七三年にはすでに、もはや原状回復が望めないほどの工場群で浜辺はすっかり占拠されていた。

しかし、すこしでも浜辺を取り戻し、これ以上の汚染や破壊をさせまいとする同会の動きは、たちまち全国的な運動へと展開する。同会をはじめ、運動の中で繰り返し議論されたのは、いったん所有権を手に入れてしまえばなにをしてもかまわないのか、連続することで機能を発揮する自然環境を所有者の独占物にしてもよいのか、ということであった。つまり「自然はだれのものか」を問うたのである。彼らの答えは、「自然はみんなもの」であり、海を奪われてきた彼らは、入浜権という言葉を生み出し、

写真12-1 テトラポットで埋め尽くされた高砂の浜辺。
背後には白煙を吐く工場群

その権利性を主張したのだった。高砂においては、同運動の開始以前に浜辺はすでに工場群に占拠されていたゆえ、入浜権を争点に浜辺埋め立ての差し止めを求めて法廷で争われることはなかった。

入浜権の存否をめぐる裁判がはじめてなされたのは、愛媛県長浜地区（現在の大洲市）であった。肱《ひじ》川《かわ》河口部での浜辺埋め立てによる漁港拡張工事に反対する住民が入浜権を争点として、工事実施者の長浜町に対し差し止めを求めた訴訟である。判決では、海で釣りなどを楽しむ不特定多数の人々はもとより、海辺を利用してきた地域住民の権利さえ認められなかった。つまり日本では、万人の自然へのアクセスを可能とする「自然アクセス」には法的な意味での権利性は認められてはいない。入浜権運動では、民俗学者、法学者、経済学者らが数多く参画し、乱開発から浜辺をまもる法理の構成、慣習の存在を証明する民俗調査、さらには北欧の万人権など他国の自然アクセス制度の研究も展開されたが、入浜権否定の判決後はしだいに衰退していった。

2 英国のコモンズをめぐる歴史

他方、自然に対する万人アクセスを法的な権利として認めていく歴史をたどったのが英国である。英国には、自然は未開で、野蛮、文明以前の存在とみなす自然観が古代から存在する。それゆえ、未開の森林を伐り払い、農地や牧草地に変え、人間の支配下においた。農地や放牧地は、地主との契約にもとづき、地域住民によって共同利用されることが多く、それらはコモンないしコモンズとよばれた。その起源は、一〇六六年のノルマン・コンクエスト以前のアングロ・サクソン時代にまで遡る。人々の大半は、共同利用の場であるコモンズにおける牧畜を中心とした農業で生計を立てていた。コモンズに対する権利は一般に「コモンの権利」(a right of common：以下、入会権)とよばれ、その権利を持つ地域住民はコモナー(commoner：以下、入会権者)とよばれる。入会権は、大土地所有者(以下、地主)と各々の入会権者の間で契約がなされた。それゆえ、同一のコモンズを利用していても、各入会権者の有する入会権の種類(放牧入会権、泥炭採取入会権、採木入会権など多数)や権能(放牧頭数など)は異なる。農民らは入会権を行使するにあたり、多くの場合、生態系の制約＝牧草の再生産を考慮に入れたルールを作り、相互にこれをまもってきた。たとえば、各入会権者がコモンズに放牧できる家畜の頭数を、荘園内の自分の保有地で生産できる牧草で冬を越せる頭数までとする「起伏の原則」はその典型である。

表12-1　日英コモンズの史的展開ダイジェスト

英国	日本
地主と入会権者の共同利用時代【閉鎖型コモンズ】	村の入会権者による共同利用時代【閉鎖型コモンズ】
法レベルでの入会消滅政策の展開（1236年マートン法）	明治の入会消滅政策の開始　国公有化のはじまり
農業革命とエンクロージャー	近代所有権の確立：共有・共用世界の強い私権化の構成
産業革命とエンクロージャー	戦後の入会林野近代化（林業経営・産業化の強化）
万人にアクセスが開かれる時代の到来【開放型コモンズ】	強い私的所有の残影と衰弱した共同利用の実態
重層的利用の拡張	重層的利用の停滞と模索

ところが、一六世紀に入るとこのような牧草の枯渇を回避するルールを共同で編み出してきたコモンズは、地主による強い解体圧を受ける時代を迎える。地主は、牧草地から入会権者を締め出して自分だけの独占物とする「エンクロージャー運動」を展開したのである。このエンクロージャーの進展には、注意しておくべきことがある。それは、一六世紀からはじまる第一次エンクロージャー運動からさかのぼること約二〇〇年前の一二三六年にはすでに、地主にとってコモンズの囲い込みを容易にする「マートン法」(Statute of Merton）が制定されていたことである。これに続き、一二八五年には領主と近隣者の間の関係にも拡張する「一二八五年コモンズ法」が登場し、柵によって物理的にコモンズを囲い込む（enclosure）だけでなく、法的権利としての入会権を抹殺するインクロージャー（inclosure）が展開していった。入会権にもとづく自給利用を続ける農民を排除し、コモンズのモノカルチャー的利用による収益増大をはかろうとした地主の意向をかなえるためには、周

到な法整備による私権の強化が必要だった、というわけである。

地主と入会権者のみによる共同利用の歴史、そして、前者が後者を締め出していく歴史は、日英ともに同じ道をたどった。しかし、その両者に大きな分岐が訪れる。日本は入会のメンバーが特定のメンバーに限られたかたち（「閉鎖型コモンズ」とよぶ）のまま現代に、他方、英国では、一九世紀初頭に、地主や入会権者だけでなく、不特定多数の人々のアクセスを許容するかたち（「開放型コモンズ」とよぶ）へと転換した。その過程を単純化して示したのが表12-1である。

■英国の歩く権利の確立までの長い道のり

日本の入会の足跡については第7章で見たので、ここでは英国の「コモンズ保全時代の到来と大転換」からの足跡をたどってみよう。

農業革命や産業革命を経て、万人がアクセス可能な自然豊かな場が工場や農場へと姿を変えた。とくに、ロンドン、マンチェスターやリバプールなどの工業都市では、就労機会が多い分、生活空間の質は極端に低下した。一九世紀初頭の汚物まみれのテムズ川や、アパート上階から糞尿が投げ捨てられ通行人が困惑するさまを描いた風刺画が数多く残っている。そのような状況で労働者は疲れを癒すことはできない。余暇のニーズは、都市部から遠く離れたカントリーサイド（田園地帯）に向かうことになった。産業革命の産物たる蒸気機関を駆使した鉄道は、自然ゆたかな湖水地方にまで延伸した。このような動きに対して、世界に高名な英国を代表する詩人のワーズワースなどが立ち上がった。都市労働者の

写真12-2　フットパスに設けられたベンチから眼下に広がる風景を楽しむ

流入は、一時的な余暇とはいえ、退廃的な都市生活をカントリーサイドへ持ち込むことにもなり、カントリーサイド特有の自然やそれに根差した文化の破壊行為である、と猛然と反対運動を展開したのである。同じく湖水地方の生んだ知の巨匠であるジョン・ラスキンもまた彼の援護を行った（写真12-2）。

こうした動きの中で、コモンズの囲い込みとそれにともなう都市部のオープンスペースの消失への疑問は確実に膨らんでいった。その結果、都市コモンズは少なくとも囲い込みを止め、レクリエーションの場として、市民に開放するべきだという世論がすこしずつ形成されていった。一八六六年首都圏コモンズ法を皮切りにして、コモンズの囲い込みを制限し保全する時代へと大転換したのであった。この一連の流れにおいて、決定的な役割を担ったのが、経済学者のＪ・Ｓ・ミル、弁護士のロバート・ハンター、社会運動家のオクタビア・ヒルらであった。その結果、一八六五年に

写真12-3　歩く権利と放牧の共存――ノーフォーク州のコモンに至る公道

は世界に先駆け結成された環境保全団体であるオープンスペース協会（OSS：Open Spaces Society）、一八九五年にはナショナル・トラストが誕生している。前者は、地主の私的所有を維持しながら万人のアクセス権を地主に許容させる方法で、後者は、自然だけでなく歴史的建造物なども含めた所有権を買収する方法で、すべての人に自然アクセスを許す「開放型コモンズ」を作り出していったのである。圧倒的に多い前者の形態の開放型コモンズは、入会権者による農的利用（入会放牧権）と歩く権利が同一空間に共存している点がじつに興味深い（写真12-3）。そのような光景は、公園的要素が強まった大都市のオープンスペース（エッピングフォレストやハムステッドヒースなど）でも見ることができる。

とはいえ、そのような方向へ転換は一筋縄ではいかなかった。長年にわたり、囲い込みを容易にできる法制度を作り上げてきた地主層の政治力は強大であり、

写真12-4　歩く権利のおよばない場へのアクセスを拒む有刺鉄線

世論を動かす契機がなお必要であった（写真12-4）。

一九三二年に起きたキンダースカウト事件はまさにその契機となった。舞台はデヴォンシャー伯爵が所有するマンチェスター市とシェフィールド市に広がるピーク丘陵地である。景勝地として名高いその美しい丘に四〇〇人近くの労働者が集結し、歩く権利を求め、あえて不法侵入を行った。彼らは、地主の雇った番人と衝突し、五名が逮捕されるに至った。ところが、世論の批判の矛先は逮捕者ではなく、地主層へと向かったのである。これを機に、英国各地で、自然の中を歩く権利を求めた同種のトレスパス（不法侵入）があいついで実行された。その結果、それまで五〇年弱廃案になってきた歩く権利法が一九三二年に成立した。この法の制定は大きな前進ではあったものの、原則、土地所有者の好意にもとづく公衆アクセス拡大しか実現できないものであり、本格的な自然アクセスの進展は、一九四九年の「国立公園およびカントリーサイド・アクセス法」、さらにはその半世紀後に誕生する「二〇〇〇年歩く権利法」を待ってはじめて実現した。この過程では、先述したOSSやナショナル・トラスト、一九三五年に設立されたランブラーズ協会もたいへん重要な役割を担った。

■万人のアクセスを可能にする空間的広がり

大転換を遂げた英国において、万人のアクセスを可能にする空間的広がりをつかんでおこう。現在の英国における歩く権利（a right of way）や逍遥《しょうよう》権（a right of roam）などの自然アクセス権は、一九世紀コモンズ保全時代の先駆け時、都市部を対象とする法や個別法で定められたものや、上述の「一九四九年国立公園およびカントリーサイド法」、「二〇〇〇年歩く権利法」など、複数の法のもとで規定されており、それぞれ権利の内容が異なる。その詳細には立ち入らず、それら権利の対象としての道や空間の広がりを一枚の表にしたものが表12-2である。

歩く権利の服する歩行道（パブリック・フットパス）の総延長は、地球約四・七周半に相当する一八万キロにもなる。コモンズを含むオープンカントリーもふくむアクセス権のおよぶ道や土地は、ＧＩＳ（地理情報システム）でデータベース化され、ウェブ上（https://magic.defra.gov.uk/）で簡単に閲覧することができる。権利である以上、公式確定地図（definitive map）で管理する必要があるのだ。張り巡らされたフットパスは、まるで毛細血管のようである。アクセスがフットパス上に制限されているという意味で、歩く権利は線的アクセスと見ることができる。

表12-2　英国のアクセス可能な空間の広がり

歩く権利およびアクセス権に服する道および土地	権利	歩行道・オープンカントリーおよびアクセスランドの種類	総延長・面積
歩行道 【線的アクセス】	歩く権利	4種類：歩行道（14万6600km）・乗馬歩行道（3万2400km）・制限付きバイウェイ（6000km）・全交通主体に開かれたバイウェイ（3700km） 可能な行為：原則歩行のみ、ランニング、登山、撮影ピクニック、野鳥観察：2000年歩く権利法以外で規定されるアクセス権については乗馬など可能 不可能な行為：自転車、乗馬、キャンピング、ロッククライミング、車両（ただし電動のシニアカー・車椅子利用は可能）	総延長： 18万8700km （うち長距離のナショナル・トレイルは3万3600km）
オープンカントリーおよびアクセスランド 【面的アクセス】	逍遥権	オープンカントリー：1949年国立公園法およびカントリーサイドアクセス法。アクセスランド：2000年歩く権利法下で定められた空間が対象 可能な行為：歩行、ランニング、野生動植物観察、登山 不可能な行為：バイク、乗馬、自転車、キャンプ、犬以外の動物の携行、車両（ただし電動のシニアカー・車椅子利用は可能）	131万4000ha
海岸パスおよび浜辺 【線的および面的アクセス】	逍遥権	海浜・浜辺アクセス法2009年にもとづく海沿いのトレイル延伸と浜辺へのアクセスが対象 延伸させ続ける海岸沿いのナショナルトレイルと海辺との間はアクセスランドであり、2000年歩く権利法に服する。可能行為・不可能行為は、上記の2つと基本的に同じ	5900km イングランド（4500km・ウェールズ1400km）

（出典）三俣学「自然アクセス制の現代的意義——日英比較を通じて」『商大論集』第70巻、2019年、93-116頁を一部修正。

写真12-5　ノーフォーク州クローマーの海岸線トレイルからビーチを望む

一方で、面的アクセスも可能である。そのよい例は、「一九四九年国立公園およびカントリーサイド・アクセス法」により定義された「オープンカントリー」である。オープンカントリーは山岳地帯、荒蕪《こうぶ》地、崖、水辺が優勢する空間へのアクセスが認められた場所を意味し、これに加え「二〇〇〇年歩く権利法」で、標高六〇〇メートル以上の場所、公共供与地（献地）を含む「アクセスランド」に拡張された。

「一九六五年コモンズ登記法（二〇〇六年修正法）」によって登記された牧草地をはじめとするコモンズもまた、オープンカントリーやアクセスランドとして位置づけられ、すべての人がコモンズ上で自然を愛《め》でることができる。これら面的アクセスを可能にする空間は、約一三一万四〇〇〇haにおよぶ。これは長野県の面積（約一三五万ha）に近い。強調しておくべきは、少なからぬコモンズが、アカライチョウなどの希少種の住処として、自然環境上きわめて重要な場所として保全地域の指定を受けていることである。さらに、アクセス可能な空間は海辺にも拡大し続けている。二〇〇九年には、海辺・海浜アクセス法が制定され、海沿いにつながるトレイルの延伸、さらには海とトレイルの間に広がる浜辺へのアクセスが可能になった（写真12-5）。

3 北欧・中欧諸国に広がる自然アクセスの世界

本章で取り上げた他人の土地や森林・水辺に万人が立ち入ることを認める国々は、相当な広がりをもって確認できる。英国よりもおおらかに万人の立ち入りを認め、散策などのアクセスだけでなく、ベリー・キノコ・野草などの採取行為まで許容する国々がある。その典型が北欧諸国である。これらの国々で認められている人々が自然にアクセスする権利は「万人権」と訳すことができる。スウェーデンでは、「自然を破壊しない」「プライバシーを侵害しない」という原則のもと、万人権は慣習として維持されてきた。その原則の範囲で、人々は、そこがだれの所有かを気にすることなく野外活動を楽しむことができる（写真12-6）。フィンランドは、スウェーデン同様、万人権を慣習として引き継ぐ一方、ノルウェーは、英国のように一九五七年野外活動法という法律の中で万人権を規定して、運用している。自然アクセスをどう維持するかは微妙に異なっているものの、筆者はこのような「所有のいかんを問わず、万人が自然にアクセスし、一定の活動をなしうる権利や制度が社会的に容認されている体制」を自然アクセス制とよんでいる。

写真12-6　ノルウェーでキノコを採取する筆者ら

資源管理研究からの自然アクセス制の関心は高い。第3章で見たとおり、資源管理論において、オープンアクセス的な不特定多数の資源利用状態は、G・ハーディンの示した悲劇（資源枯渇）に陥る可能性が高いからである。もちろん、このような国々でも、所有者－利用者間、利用者－アクセスポイントの住民間、利用者間のコンフリクト（商業的利用・大規模集団利用がコンフリクトの火種となることが指摘されている）を抱えてはいる。しかし、トラブル続きで崩壊してしまうことなく、万人に開かれ続けている。国民もまた、万人権を誇りに思い強く支持している。この状況が、これまでの資源論から見ると興味深く映るのだ。

筆者らの調査では、自然アクセス制は、万人の利用を可能にするという意味ではオープンアクセス的な性質を持つものの、自然破壊や劣化を招来しないしくみが制度的にまた暗黙裡に利用者集団の創意工夫によって紡ぎ出されていることが多いことがわかっている。それを可能してきたのは、土地所有者、行政、オリエンテーリング協会をはじめとする非営利

表12-3 自然アクセス制の可能性と課題

評価されている点（可能性）	問題点・議論を要する点（課題）
1．人々の自然への関心を喚起できる ・人々の環境に対する関心を育成する ・自然美や自然の重要性についての教育を促進する ・人々の野外活動を通じた心身の健康維持・増進に資する	1．コンフリクトの発生とその解決に向けた調整・政策の必要 ・土地所有者vs.利用者 ・利用者vs.利用者 ・マナーの悪い・ルールを破り利用者の存在（不法投棄・破壊者）
2．ツーリズムなど農山村への経済効果を生み出す	2．大規模かつ商業利用による土地所有者の不安感の増加とその解消の必要（土地や自然の劣化につながる利用集中）
3．多様な生態系サービスの供給が高いレベルで可能になる	3．事故の責任帰属・補償などの問題（所有者責任か利用者責任か？）
4．環境保全政策に対する国民の理解を促しうる	4．権利としての万人権の規定方法（不文律・慣習・立法化？）
5．乱開発抑制機能が発揮されうる（第三者の慣習的利用による所有権者への意義申し立てによる）	5．費用負担のあり方（以上にかかる費用をどのようにだれが負担するか？）

出典：三俣（2019）に加筆・修正。

団体、私企業など、野外生活を愛する人たちの公私の主体を超えた協働である。加えて、幼少期の早い段階から行われる自然体験の入口として家族の果たす役割がきわめて大きい。

筆者らの実施したアンケート調査では、初めて行った野外生活の平均年齢は五歳で、家族に連れられて野外生活をはじめている。家族が子どもに自然でのふるまい、自然美を伝授している。また、同一の自然に繰り返し来訪する人ほど、自然への愛着や自然の美しさを理解していることが多く、彼らを中心に利用秩序が生み出されている。そのような正の影響については、表12-3の左列に示した。

とりわけ重要なことは、こうした自然アクセスが人々の自然への関心を喚起し、そのことが環境保全政策に対する国民の理解を高めうる点である。自然を愛《め》でるために日常的に来訪することで、利用者たちは「私たちの大切な自然・場所意識」を持つ。そのような来訪者がコアを形成することで、愛でる自然の状態を保つためのルールが徐々に形成される。そのようなルールは、不特定多数の人々によるアクセスが前提にある以上、常連のコア利用者が勝手に作るわけにはいかない。行政やNPOなどのアソシエーションとの協働を経て次第に緩やかなルールの輪郭ができる。また日常的利用者は、利用秩序をいちじるしく破壊する人たちをモニタリングするようになる。そのような熱心なコア層が形成されることで、アクセスが不特定多数に開かれていながらも、「閉じた」要素が生み出される。

他方、所有者にとって、万人のアクセスを許容するゆえの難がある。そのような負の側面については表12-3右列に示した。とりわけ重要なものとして、事故発生時の責任所在の問題がある。北欧やドイツでは、他者の所有地上で怪我などの事故に遭遇した場合、原則、来訪者の責任となる。所有者は責任を負わないでよいため、自分の所有地を万人に開く抵抗感が少ない。日本では、事故が起きた場合、所有者に対し責任が問われる。事実、国立公園利用者の受傷事故をめぐる係争では、管理責任を所有者が問われる判決が出ており、所有者は容易に自分の土地を第三者に「開く」ことができないのである。

4 多の世界を創る自然アクセス制から学ぶこと

自然アクセスから、私たちはなにを学びうるだろうか。英国では、囲い込みへの異議申し立てが「人と自然の関係性を問い直す契機」となり、自然アクセスの誕生につながった。囲い込みは、多様な植生を成す自然とそこでの人間の営みを、単調な自然とそこでのモノカルチャー的な人間の営みへと変化させていった。ここで、前者の自然とそこでの営みを「多の世界」、後者を「単の世界」とよんで考察してみよう。「多」は多様の「多」であるが、雑多の「多」でもある。おおよそ人の歴史は、往々にして雑多なものを人間にとって有益な形に転化する営み、つまり「多の世界」から「単の世界」を生み出す連続であった。たとえば、宝石や化石燃料などを想起すればわかりやすいだろう。膨大な研究データを解明する目的を達成するように論文にする過程もまた同じである。この「単の世界」の追究とその蓄積が、私たちの生活をゆたかにしてきたことについては、ここで多言を重ねる必要はないだろう。

しかし、「単の世界」への徹底が、人と自然のあり方をゆがめ、自然を破壊する方向へと誘ってきたことを見逃すわけにはいかない。「多の世界」から「単の世界」への徹底がなにをもたらしたのかについて、いま一度、本書で見てきた森林を振り返ってたしかめてみよう。

針葉樹・広葉樹が混ざったさまざまな樹種からなる森林は、経済利潤の追求により適した針葉樹（スギ・ヒノキ・カラマツ）の一斉林となった。それを可能にしたのは、第5章で見た技術とその背後にある科学技術体系の確立にあった。この森林のモノカルチャー化を加速させたのは、グローバルな木材市場の急拡大である。利潤増大をはかるには効率性の不断の追求が必要となる。次期により多くの利潤を得るための投資を行い、森林を資本化する。投資に見合った利潤を確実に得るためには、厳格な私的所有が不可避になる。たとえメンバーが限定されている共有や共用の制度であっても、フリーライダーな

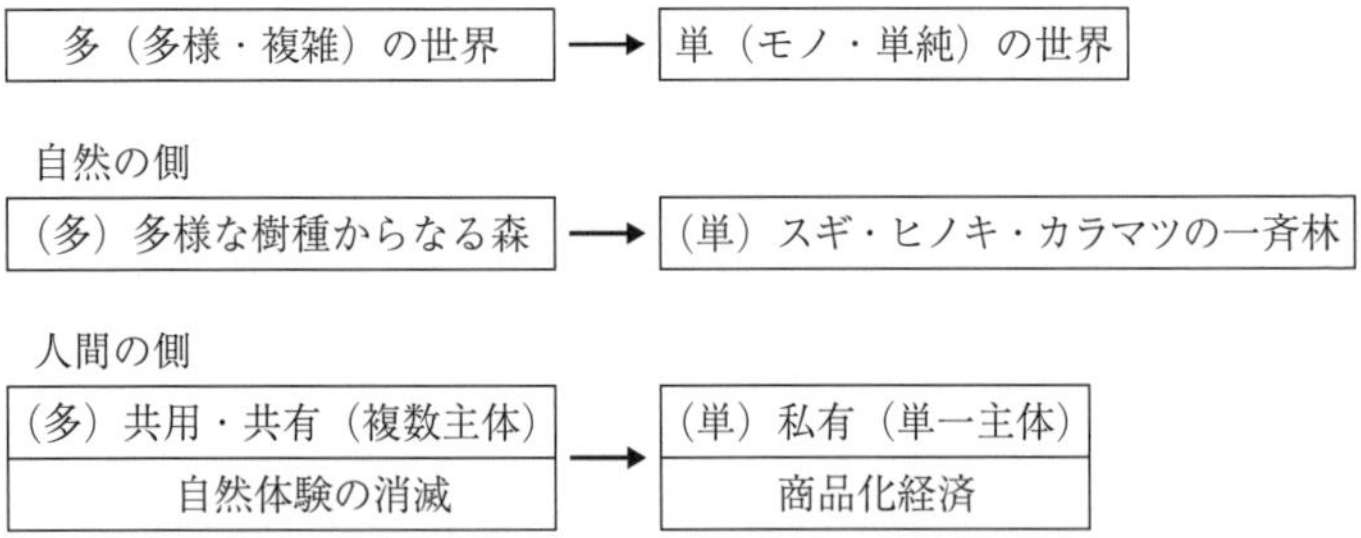

図12-1　森林における「多の世界」と「単の世界」

どによる非効率を回避するためには、私有化が不可避である、と理論的に説明してきたのが経済学である。[2] コモンズにあった多様な自然や人間どうしの関係性を、「多」から「単」に収れんさせること（自然のモノカルチャー化と私的所有化）に、経済学はずいぶんと貢献してきたのである。たしかに日本の森林を顧みたとき、この図式はよくあてはまっていることがわかるだろう（図12-1）。同時に、経済学の発祥の地で、現実世界を生き抜いてきた英国のコモンズのたどった軌跡は、この理論とかなり異なることも理解できるはずである。

一九世紀以降、英国は私的所有のうえに自然アクセス権を設定し、その拡張をはかる方向で、「単の世界」を維持しつつ「多の世界」を維持・拡張している。生態系サービス（第4章）の視点から見ると、供給サービス（たとえば羊毛生産に特化した牧草地）は所有者が排他的に利用・収益し、文化的サービス（自然を愛でるためのアクセス）は万人に開くというかたちで、同一の空間における重層的な自然利用を実現させている、と説明できよう。万人にアクセスを開いても、所有者の土地に対する私的所有権も住民の入会権も保証されているゆえに、供給サービスの享受は維持されるとともに、万人が文化的サービスを享受できる。アクセス権の対象であるコモンズの少なからずが、自然保全地域に指定されているのだから、調整サービスの維持もはかられている場合が多いだろう(3)。

また、生態系サービスの分類を離れ、自給や商品化という自然利用にも目を向けておく必要がある。自然を日々の生活で直接利用する自給の世界は、遠く離れた他国の資源に依存したり、それを収奪したりはしない。一定域内で必要物資を得る必要から、小品目・多種類の作物を栽培する。薪や木炭などエネルギー源としての利用や草山の緑肥利用の必要性が、人工林のモノカルチャー化を阻む。加えて、山菜やキノコなど山の幸をありがたくいただくような自給領域を広げる営為は(4)、「多の世界」を保つうえで大切である。そういった多様な自然の自給利用は、人間どうしの関係性もゆたかにする。これは村という閉じた空間だけの話ではない。第11章で見たとおり、都市住民は、供給サービスの価値を求める農地所有者や森林所有者とは違った価値を農地や森林に求めている。それは、主として文化的サービスである。それぞれが森に見出す価値のズレが連携や協働の契機となりうる。しかし、強じんな私有はもとより所有の実態のない形骸化した私有はそういった契機を生むうえでの大きな障害になる。

日常的な自然の自給利用を取り戻す一方、共同体内外に開かれた社会関係を構築していくことが、エコロジーに根ざす「多の世界」を育む礎になるのである。

5 非商品化経済をゆたかにする——森林社会の基盤をなす森の経済学へ

近現代の重要な理念に、個人の自由とそのうえに開花する私的所有の確立がある。個々人の自由な意思にもとづく経済活動の保証は、民主主義の一つの根幹をなす。そのような活動は市場においてなされ、自由競争を原理としている**【自由な個による競争の原理】**。個の自由な経済活動にひずみが生じた場合（市場の失敗）には、国民から信託を受けるかたちで付与された権力を行使することで公的部門が是正をはかる**【公権力による統治の原理】**。

他方、地域コミュニティ（地縁共同体）[5]やNPOなどの理念的共同体も、また自由であると同時に、自らの行き過ぎを制約しうる自治力を持っている**【自治による制約の原理】**。地縁ベースのコモンズも、自然アクセスによる私的権利の相対化も、制約の原理を権力でなく自治によって、経済社会に埋め込もうとする点では通じている。そこでは、共同利用とともに、環境を良好に保とうとする協働の世界が胎動する。利潤最大化でもなく、統治支配の貫徹でもない、公と私の協働が、伝統的なコモンズへの関わりや新たなコモンズを創発しようとする動きであり、非商品化経済の営為である。環境や地域に配慮する企業や公共政策が支持される潮流（第10章）は、ある意味で、「公」のコモンズ化、「私」のコモンズ化の流れとしてとらえることができるかもしれない[6]。自然アクセスに宿る自治的な制約の原理を通じて「多の世界」を育んでいくことは、協働にもとづく新しいコモンズの森づくりを進める第一歩になる。

こういった視点からも、日本における自然アクセスをめぐる議論の出発点としての入浜権運動にふたたび学び、当時とは異なる「時代の課題（自然に対する無関心や放置問題）」に照らして、議論しなおす時期ではないか。

地球レベルでの環境破壊が深刻さをきわめる現在、人間のためだけの森林学や経済学に拘泥《こうでい》するのではなく、エコシステムの一員として他の生命との共生をめざす「生命を育む経済学」が必要である。それは、コモンズ保全運動の旗振り役を担ったJ・S・ミルがはるか一五〇年以上前に指摘した「定常状態の経済」への方向である。すなわち、資源枯渇や環境破壊がいよいよ私たちの暮らしを脅かす段階になってしぶしぶ制約を受け入れるのではなく、それ以前の段階で、自ら進んで制約を受け入れ、その制約の中でこそ開花する質的成長を目指す経済社会への移行である。ハーマン・デイリーはもとより、玉野井芳郎や室田武らが牽引してきたエコロジー経済学にも引き継がれてきたこの思想に底流する「制約の原理」からの出発こそ、私たちの目指す「森の経済学」がある。

●読者への問い：
英国や北欧の自然アクセスのしくみを日本に取り入れるとすれば、どのような課題があるだろうか。そうした課題をだれが、どのように担うことができるだろうか。議論してみよう。

注

（1）エコトーン（ecotone）とは、異なる生態空間が接し交わる場所であり、多くの生物の生育にとって重要である。生態学的移行帯ともよばれる。

（2）シカゴ学派の経済学者であるH・デムセッツが、ビーバーの商業利用の拡大を描いた人類学者E・リーコックの研究をもとに展開したコモンズ私有化の利を説く議論はその典型である。くわしくは、三俣学ほか編『コモンズ研究のフロンティア』（東京大学出版会、二〇〇八年）を参照されたい。

（3）第4章で見たように、生態系サービスの諸機能がトレードオフでなく、それぞれの機能を組み合わせ発揮させうるか（生態系サービスのシナジー効果とよばれる）、という点が、自然アクセスを考えるうえで重要な課題になってくる。

（4）齋藤暖生「ありふれたごちそう――山菜の魅力」（『森林科学』第八〇号、二〇一七年六月、二二―二五頁）を参照されたい。

（5）公でも私でもない領域は、コモンズ以外にも、ボランタリーセクターや中間セクターの名称で知られる。こうした領域は、市民社会論からは、地縁集団は加入・退出の自由がないなどの理由で、その閉鎖性や前近代性が強調され等閑視されることさえある。本書は、入会を含めた地縁集団は、対象資源に最も近く、かつ長年管理してきた主体でもあるゆえ、そのような見方をしない。

（6）とはいえ、公私のコモンズ化への期待は楽観視できるレベルにはない。巨大資本は、コモンズ破壊を続けているし、地域や環境への取り組みは、ポーズ（ときにグリーン・ウォッシュ）にとどまるレベルでもある。

おわりに

森林は複雑で、多様である。それに対し、本書では、森林やそれをめぐる経済についてはじめてふれる方にとって土台となる見方を提供できるように、地理的にも時間的にも、なるべく広く通じるような書き方を心がけた。主に日本に対象に絞ったものの、あたかも一括りにして述べることには、つねに躊躇する気持ちがつきまとった。読者の中には、さらに進んで森林に関わるさまざまなことを知りたい、と考えている方もいるかもしれない。その際には、ぜひ現場に足を運んで、地域的・時代的に固有な森林の姿、森林との付き合い方に目を向けてもらいたい。

私たちは、これまで国内外を問わず、多くの地域のさまざまな人たちの「生きる声」から、多くの学びを得てきた。まず、そのような機会を与えてくださった方々に御礼申し上げたい。研究を進めるにあたって資金面からの援助をＪＳＰＳ科学研究費基盤研究(B)「自然アクセス制の国際比較」（代表・三俣学：研究課題番号16H03009）から得た。同研究プロジェクトの研究分担者や現地協力者の方々に御礼申し上げる。本書の執筆過程において、筆者のうち三俣の所属する同志社大学経済学部の同僚である和田喜彦さんとの議論や情報提供は、大変励みになった。記して感謝申し上げたい。

本書の企画は、共著者の三俣が二〇〇四年、故・室田武先生とともに著した『入会林野とコモンズ』を編集してくださった日本評論社の守屋克美氏の発案による。とあるきっかけから、多くの人が森林環境税について知らないという事実を知った守屋氏は、この国の森林問題を憂い、その回復の道筋を展望できるような出版企画を、筆者らに提案されたのである。計画したとおりに原稿執筆を進めることのできなかった私たちは、すっかりご迷惑をおかけしてしまった。守屋氏の忍耐強い励まし抜きには、本書は刊行しえなかった。厚く御礼申し上げたい。

また、私たちにとって共通して学恩を頂戴した室田武先生に御礼を申し上げたい。室田先生と私たちで二〇〇一年から二〇〇三年にかけて東北の入会研究をごいっしょしたことが、今日に至る二十数年間の長い議論を生み出すきっかけになっている。室田先生は、私たちとともに幾度となく調査をともにしてくださった。私たちの森林や経済を見るまなざしは、先生と共有させていただいたディスカッションやフィールド調査の時間から得られたものである。

最後に著者のうち三俣の個人的なことで憚られるが、私にとって、いつも学問を身近に感じさせてくれた亡き父・俊二に、この本を捧げたいと思う。

二〇二二年五月八日　室田武先生の命日に

三俣学・齋藤暖生

や行

ら行

な行

は行

ま行

た行

さ行

索 引

あ行

■著者紹介

三俣学（みつまた・がく）：1971年、愛知県生まれ。京都大学大学院農学研究科博士課程単位取得退学。現在、同志社大学経済学部教授。専門：エコロジー経済学、コモンズ論。著書：『入会林野とコモンズ』（共著、日本評論社、2004年）『環境と公害』（共著書、日本評論社、2007年）『コモンズ研究のフロンティア』（共編著、東京大学出版会、2008年）『ローカル・コモンズの可能性』（共編著、ミネルヴァ書房、2010年）『エコロジーとコモンズ』（編著、晃洋書房、2014年）『都市と森林』（共著、晃洋書房、2017年）ほか。

齋藤暖生（さいとう・はるお）：1978年、岩手県生まれ。京都大学大学院農学研究科博士後期課程修了。現在、東京大学大学院農学生命科学研究科附属演習林講師（富士癒しの森研究所所長）。専門：森林政策学、植物・菌類民俗。『コモンズと地方自治』（共著、日本林業調査会、2011年）『森林と文化』（共編著、共立出版、2019年）『森林の歴史と未来』（共著、朝倉書店、2019年）『東大式癒しの森のつくり方』（共著、築地書館、2020年）ほか。

森《もり》の経済学《けいざいがく》——森《もり》が森《もり》らしく、人《ひと》が人《ひと》らしくある経済《けいざい》

2022年7月15日　第1版第1刷発行

著　者——三俣 学・齋藤暖生
発行所——株式会社日本評論社
〒170-8474　東京都豊島区南大塚3-12-4
電話03-3987-8621（販売）：8595（編集）
振替00100-3-16　https://www.nippyo.co.jp/
印　刷——精文堂印刷株式会社
製　本——牧製本印刷株式会社
装　丁——銀山宏子

ISBN978-4-535-55993-6　Printed in Japan